▶參考日本史書《古事記》與埴輪而重現的男子裝扮。當代人頭髮分成左右兩邊再綁起來，這種髮型稱為「角髮」。

影像提供／日本風俗博物館

古墳

3世紀末～6世紀左右

地方的世家大族握有權力，從服裝就能展現身分。從古墳出土的埴輪※，即可看出當時的服飾風格。

聖德太子訂定的冠位十二階

冠位			
1	大德	7	大信
2	小德	8	小信
3	大仁	9	大義
4	小仁	10	小義
5	大禮	11	大智
6	小禮	12	小智

◀冠的顏色從上到下依序為紫、青、紅、黃、白、黑，依顏色深淺區分官位高低。

※關於顏色有不同說法

飛鳥

6世紀末～7世紀

都城設在奈良的飛鳥地方，引進朝鮮半島、中國的隋唐文化與制度。聖德太子（廏戸王）訂定了日本史上第一套制服制度。

▶出入朝廷的官員在上衣「袍」與褲子「袴」之間，還要穿上一件有縐褶設計的「褶」。

影像提供／日本風俗博物館

700年　500年

奈良

710年～

當時的都城設置於平城京（奈良）。受到大唐帝國的影響，貴族的服裝相當華麗。依照階級和儀式各有規定的服裝（養老律令）。

▶（左）養老律令中規定的文官「禮服」，通常在即位式等正式場合穿著。（右）朝廷女官的服裝，肩膀披著名為「披帛」的披肩，腰上穿著裙子狀的「裳」，上面有圖案裝飾。

影像提供／日本風俗博物館

※ 埴輪：日本古墳頂部和墳丘四周排列的素陶器的總稱。

貴族女性的正裝「十二單」

▶十二單是貴族女性的正裝。服裝融入了季節色調，層層疊穿的「袿」呈現出一場色彩饗宴。

影像提供／日本風俗博物館

◀男性貴族的束帶。最外面的「袍」為寬袖設計，外衣底下穿著「下襲」，將寬袖往後拉。

影像提供／日本風俗博物館

800年

平安

794年～

都城在平安京(京都)。男性貴族的穿著從朝服演變成名為「束帶」的正裝。女性貴族開始穿十二單，誕生出符合日本風格的優雅裝扮。貴族的服裝都是以絲絹做的，庶民的衣服則大多是用麻布等平價的布料製成。

樸實的庶民服裝

◀庶民男性穿著的「直垂」後來變成武士的服裝。此外，庶民女性穿著的筒袖衣服（小袖）則是後來統稱的「和服」。

從公家邁入武家的時代

◀（右）武士穿的是與袴搭配的「直垂」。（左）公家和武家女性的外出服。頭上戴著的斗笠垂掛著苧麻（麻）製的薄布「蟲垂衣」。

影像提供／日本風俗博物館

影像提供／日本風俗博物館

鎌倉・室町

1185年左右～

源賴朝在鎌倉開幕府，揭開武家政權序幕。進入足利將京都遷至幕府的室町時代後，偏好方便活動的衣服，庶民穿著的勞動服「直垂」成為正裝。

1500年　1200年

影像提供／日本風俗博物館

安土桃山

1568年左右～

織田信長、豐臣秀吉、德川家康登場的時代。從葡萄牙引進鐵砲之後，日本武將的服裝逐漸受到歐洲的影響。

▶從甲冑和陣羽織上可以看見南蠻（葡萄牙和西班牙）的影響。

◀派赴城堡的武士。直垂造型開始演變，小袖、肩衣加上袴成為正裝。

影像提供／日本風俗博物館

町人※穿著也變得時尚

◀友禪染的小袖在江戶元祿時期風靡一時，京都的扇繪師宮崎友禪繪製的圖案大受歡迎。傳統髮型「髷」的種類出現多樣變化，和服腰帶的繫法也成為展現時尚的重點。

▲浮世繪師喜多川歌磨繪製的美人圖《當時三美人》。

◀上級武士穿的禮服叫「長裃」、下級武士則是穿「半裃」或小袖加羽織和袴。

影像提供／日本風俗博物館

江戶

1603年～

江戶幕府帶來長期穩定的政權，各地交流日漸興盛，町人文化蓬勃發展。和服與浮世繪等江戶文化也為後來的歐洲美術和服飾帶來影響。

1600年 1800年 1900年

◀「鹿鳴館」是華族與外交官的社交場所，此處經常舉辦舞會。這是當時流行的巴斯爾裙襯風（請參閱第一〇三頁）禮服。

明治・大正

1868年～

從江戶幕府更迭為明治政府。日本展開了與海外的交流，日漸西化。華族（原本為公家或大名家的貴族階級）、政府官員與軍人率先穿起西式服裝。

▼大正至昭和初期，人們將追求流行時尚的女性稱為「摩女」（摩登女郎）。

Kagayama Kyoyo via Wikimedia Commons

◀明治政府高等官（奏任官）的大禮服。

※町人：日本江戶時代一種社會階層，他們主要是商人，部分是工匠以及從事工業的人。

影像提供／每日 Photo Bank

走過戰爭之後 日本時尚也走進世界

▲洋裁在日本戰後開始流行，洋裁學校成為流行發源地，出了許多人氣設計師。照片是一九七〇年「大阪萬博」（一九七〇世界博覽會）制服。

Wikimedia Commons

▲一九四〇年，「國民服」是所有日本男性國民一定要穿的衣服。

昭和

1926年～

大多數日本人捨棄和服，改穿西式服裝。雖然戰爭期間無法自由購買衣服，但戰後受到海外最新流行的影響，各個年齡層都開始打扮入時。日本設計師也活躍於世界舞台。

2000年

平成・令和

1989年～、2019年～

日本動畫、漫畫、遊戲與時尚等元素以「酷日本」（Cool Japan）之名深入全世界，「KAWAII（可愛）」成為國際共通語言。

來自日本的可愛風♡

▲來自日本的「羅莉塔」時尚造型出現在義大利的盧卡國際漫畫節中。

chripell/Flickr

▼角色扮演也是追求時尚的一環！

Dick Thomas Johnson from Tokyo, Japan, Wikimedia Commons

「學生服」的時尚風格演進

學生服是從明治時代傳入日本的，接著為各位介紹學生服傳入至今的風格演變！

明治～大正

和洋混合

◀明治時代開始有女性進入女子學校就讀，小袖＋袴＋皮鞋的和洋混搭裝扮備受矚目。

明治～大正

蠻殼大學生

◀有別於熱衷西洋風格的「高領族」，穿著木屐披著斗篷刻意展現野蠻風的穿著方式稱為「蠻殼造型」。

明治

立領學生服（學蘭）

◀學習院為勾釦式立領、帝國大學（東京大學）採金鈕釦式立領。這是一款整體版型模仿軍服的制服。

戰爭期間

高幫鞋套風

▶學生服上加了名牌，隨身攜帶水壺和防空頭巾。男學生上學時會在小腿綁上一條布（高幫鞋套）方便活動。女學生則穿甚平工作褲。

大正

水手服登場

▶起源自海軍（水手）制服。京都的平安女學院為連身款式，福岡女學院也採用了貝雷帽風格的帽子。

明治

布魯馬運動服

▲長版燈籠褲（布魯馬）是女校常見的運動服。在昭和到平成年間，燈籠褲成為女子運動服的基本款式。

平成

女高中生掀起的時尚浪潮

◀此時流行不紮好制服（上衣下襬露在褲子外面）的穿法，泡泡襪也大受歡迎。女高中生掀起的時尚浪潮備受矚目。

昭和～平成

英國風格

▶有徽章設計的獵裝外套搭配格子裙，這類充滿英國私校風的制服備受歡迎。

昭和

從硬派不良風演變而成的制服

▶1980 年代有些學生擅自改變制服款式，穿上長至腳踝的裙子，以及短版的立領學生服。

令和

無性別制服

◀女學生也能選擇穿褲子，或是不容易展現體型的上衣，制服變得更加多樣，減少性別差異。

職業別制服揭密

「工作」制服圖鑑

除了自己的衣著外，以保護社會與人民為職責的人們，穿著的制服及服裝通常具備卓越的機能與意義。

◀先穿上右邊活動服（勤務服），再穿上左邊的防火服。

消防隊

穿上防火衣去滅火！

消防員一旦接獲民眾撥打119通報，就會立刻出動。由於火災現場有許多危險因子，包括煙塵、火焰、熱氣和化學物質等，因此消防員一定要穿戴防火衣和氧氣筒等裝備。防火帽有面罩和保護頸部的布料設計，可防熱氣竄入。腰上有可以連接安全繩索的安全帶以及無線電、攜帶型警報器等安全裝置。當消防員無法動彈，經過一定時間沒有任何動作，身上的警報器就會發出危險警報，請求救援。

◀各部隊的防火衣設計不同，照片為東京消防廳特別消火中隊的防火衣。

一分鐘換上防火衣！

▶揹著氧氣筒滅火的消防員。

▼另有「正裝」。右胸有階級章，左邊領子別著徽章。

※ 除了本節介紹的部隊之外，還有許多部隊無法全部列入。影像提供／日本消防防災科學中心「消防防災博物館」

水難救助隊

◀▲因應在海裡與河川發生的意外事故，值勤時要穿上防寒衣等裝備。

救助隊

▲穿著顯眼的橘色制服，發生火災或意外事故就會出動救援。

消防機關的值勤服

依現場狀況，各部隊會共同合作，一起出動！

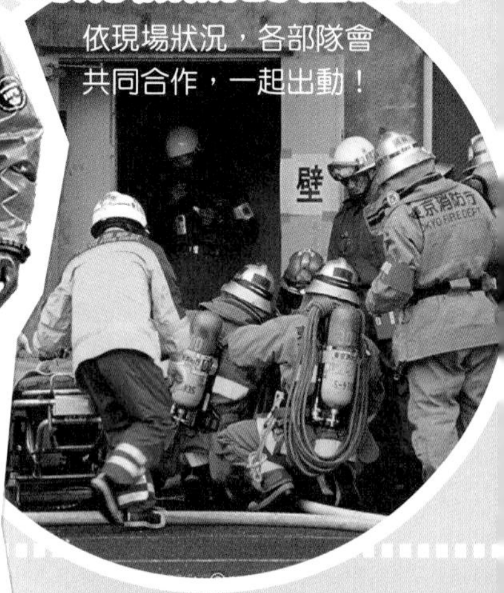

▶正壓式化學防護服。可遮蔽毒物和病原體等有害物質，是以不容易溶解的材質製成。

◀劇毒物質防護服。比正壓式化學防護服更方便活動，在空間狹小的地方也能執勤。

特殊災害對策隊

▲穿上特殊防護服，前往遭到放射性物質、生物物質、化學物質汙染的災害現場出勤。

急救隊

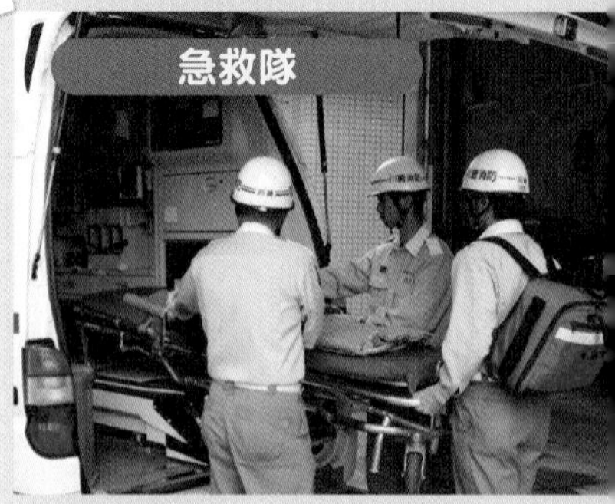

▲駕駛救護車出勤，救援急診病人和傷者。頭戴白色安全帽，手上還要戴手套。

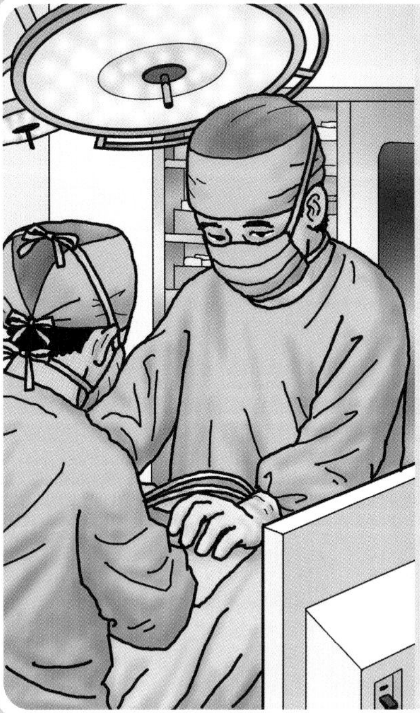

醫師

手術服不是白色而是藍色！

醫師通常穿著白色制服，以便隨時注意是否沾染汙垢或藥劑，但手術服則是藍色或綠色。當我們的雙眼長時間盯著紅色血液或器官，接著再看白色物體，就會產生視覺暫留現象，看到與紅色相對應的顏色。為了避免這個問題，手術服才會設計成藍色（或綠色）的。

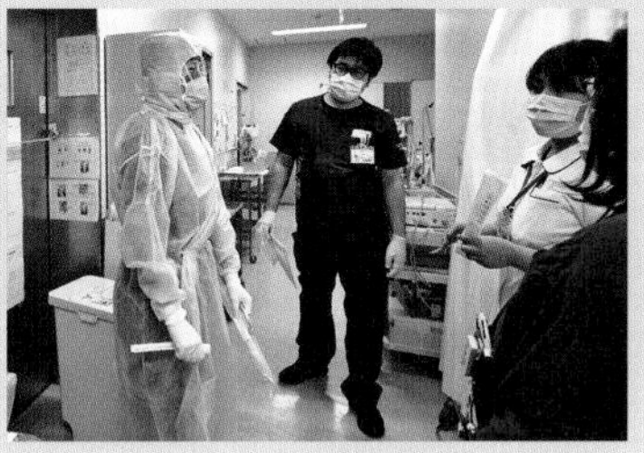

▲為了穩定病患情緒，有些醫院會穿紺藍色或胭脂色制服。左邊為身穿病毒防護衣的醫師。

法國料理主廚

廚師服為雙前襟的原因？

法國料理的廚師服前襟有兩層，在廚房裡可以避免火熱和油濺燙傷身體，需要走進外場時，可以將前襟反過來，以乾淨的那一面站在客人面前。拉開反摺的袖子，就能當隔熱墊握住鍋柄。另外，廚師服的釦子皆為布製，可以避免塑膠或是金屬製的鈕釦混入料理。廚師帽則能包住頭髮，避免頭髮掉入料理中。在日本的法國料理餐廳，廚師帽的高度也代表地位，實習生不超過20cm、總料理長（主廚）最高可達40cm！

日本料理餐廳的廚師大多穿戴有領子的白衣，和沒有高度的日式帽子。

機師

「四條線」代表機長

操縱客機注重安全第一，通常以帶來信任感的紺藍色制服為主。機長的外套袖口與襯衫肩膀各有四條線的袖章與肩章，副機長只有三條線，和機長不同。由於航空業界使用的是「世界協調時間」，這是一種世界時間標準，因此手錶相當重要。有了手錶才能完整掌握世界協調時間與當地時間。機長隨身攜帶的包包中，裝著耳機、太陽眼鏡、飛行計算機、航路手冊等用品。

空服員

為什麼要綁領巾？

日本航空公司的制服每幾年就會更新一次，但女性的制服一定都有領巾。領巾可以在臉部附近發揮畫龍點睛的效果，在與乘客對話時強化自身的信服力。遇到緊急狀態時，領巾還能用來包覆傷口或當繩子使用。手上戴著有秒針的手錶，可以用來測量脈搏。

▲二〇二〇年換新設計的日本航空制服。

影像提供／Tsunoda Yoshio/Aflo

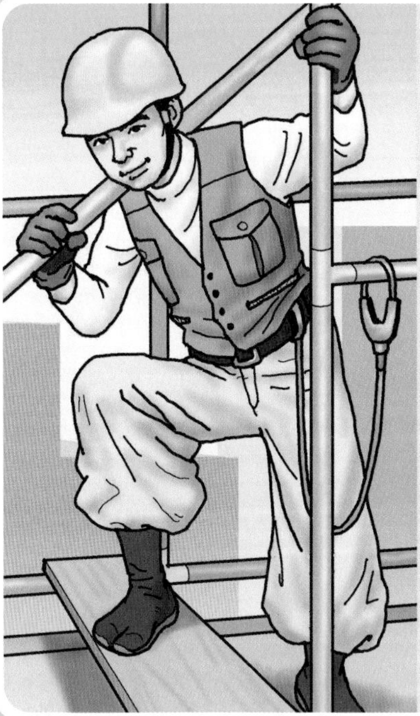

鳶工

寬鬆的褲子增加安全性！

鳶工的職責是在高樓大廈的建築工地組裝鷹架和架設鋼筋鐵架（相當於台灣的鷹架工人），工作時身穿寬鬆的「燈籠褲」。寬版褲管可以減輕碰到障礙物的衝擊力道，起風的時候也能藉由褲管擺動的程度，感受風勢大小。腰上還要綁著連接鋼索的安全帶（繫身型安全帶），加強安全措施。

▲在高處作業。鳶工在江戶時代還要負責打火。

法官

黑色長袍有何意義？

日本法官出庭時要穿著全黑的絲製長袍，稱為「法袍」。黑色是毫無沾染的顏色，展現遵從法律與良心，以公平、中立的立場判決的態度。以前連檢察官和律師也會穿法袍，法院書記官穿的是棉製黑色長袍。

▶最高法院大法庭是司法的最高機構。

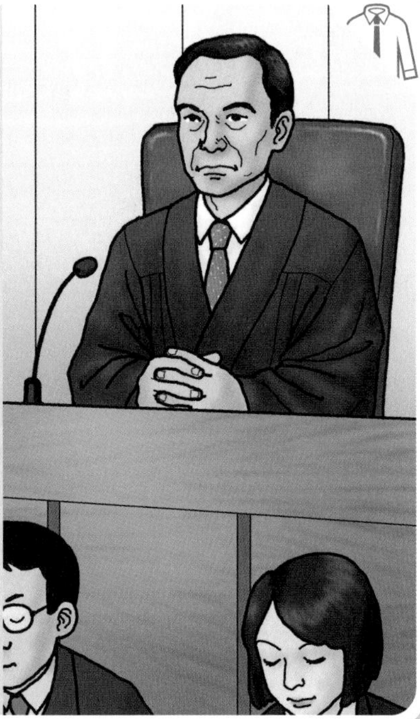

影像提供／AP/Aflo、hutterstock/Aflo

巫女

身穿神聖服飾進行祈福

日本神社的巫女祀奉神明，與神主一起祈禱，跳「神樂」舞蹈。平時穿著白色小袖與緋紅色的袴。參與祈禱儀式時，則披上有花、鳥圖案的「千早」外套，手持神樂鈴。再將頭髮以和紙與麻繩綁成日式水引繩結。

▲儀式中，神主也會穿上類似平安時代貴族的衣服。

外國的罕見制服

Stanislav71/Shutterstock

杜拜

▲屬於阿拉伯聯合大公國的杜拜，將「法拉利」跑車當警車使用。身穿民族風警察制服的女性警官駕駛法拉利警車外出巡邏。

梵蒂岡

▶梵蒂岡位於義大利羅馬市內，是全世界面積最小的獨立國家。守護教宗安全的瑞士衛隊從十六世紀到現在，一直穿著色彩鮮豔的制服。

英國

▶英國從十八世紀起，法官就有義務穿法袍和戴白色假髮，這是用來展現法庭威嚴的傳統。二〇〇八年以後，有些法庭已經廢除這項傳統，或是加以簡化。

警察

可迅速拿取各種裝備的值勤服

日本的國家公安委員會規則對於警察制服有十分詳盡的規定，冬服、合服（春秋兩季）、夏服都有固定的穿著期間。除了紺藍色西裝式制服以及禮服之外，還有短腰夾克型值勤服（左），在日本街頭見到的警察大多穿著這樣的制服。警察胸前一定會配戴自己所屬單位的識別章和階級章，肩上還有無線電與警笛，腰際掛著手銬和警棍，手槍則放在槍套裡，固定在腰帶上。口袋放著警察手冊和警察專用手機等。有時還會穿上防彈背心。

▲手銬

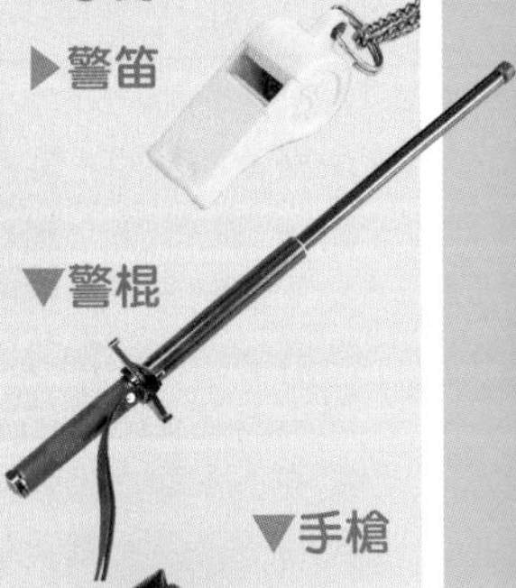

▶警笛

▼警棍

▼手槍

活躍於各種場合的不同部隊！

※還有許多部隊未在本書列入。

機動隊

◀在重大事故、恐怖攻擊和災害等現場，可以看見機動隊的身影。

▼騎馬隊通常參與交通安全指導和遊行。

騎馬隊

特殊救助隊

▲警視廳的特殊救助隊是為了因應首都直下型地震而設立，他們是水難救助和山岳救助的精銳部隊。

交通機動隊

◀「白色摩托車」隊員身穿藍色制服取締交通違規，頸部的領巾可以禦寒與防塵。

哆啦A夢
DORAEMON

知識大探索

KNOWLEDGE WORLD

服裝祕密奇妙鏡

一起來了解，連結人與社會的衣服究竟有多大力量？

每個人出生時都是裸體的，但終其一生都穿著衣服生活。衣服的作用不只是禦寒和保護身體，也是社會生活的必需品。

街上的路人穿著各式各樣的衣服，有西裝筆挺的上班族、打扮入時的人、穿著獵裝外套和水手服的學生，以及一身運動裝扮的人等等。雖然我們無法得知他們過著什麼樣的生活，但可以從服裝氛圍感受到「一絲不苟」、「天真活潑」等人格特質。

有時候只要看一眼服裝，就知道對方從事什麼樣的工作，例如警察、緊急救護隊員、郵政快遞員等。在車站迷路時，只要尋找身穿制服的站員就對了。不同職業的專屬制服可以發揮招牌或標誌的效果，讓人類社會運轉得更加順暢。

只有迷你裙才是領先潮流的裙子。
坐「時光機」，
到西部的城鎮去!!

綜合以上所述，衣服可以呈現穿著者的人格特質，還具有穩定社會的力量。人類出生時，光溜溜的沒穿任何衣物，卻借助衣服的力量，讓自己的生活日益進步，同時也演變出各式各樣的衣服款式。本書將回顧過去數萬年的歷史，探索衣服蘊藏的強大力量。

此外，本書也會介紹日本的「服育」學習概念。服育指的是透過衣服，學習與社會和世界相關的一切。對於心理與生理逐漸成熟的各位而言，這是相當重要的教育一環。

舉例來說，學習學校制服的作用與服裝禮儀，可以培養出體貼他人的善良和自我風格。知道衣服的原料與生產國，在購買新衣或是想丟掉穿不下的舊衣時，就會思考衣服對地球環境的影響。

在意衣服的種種，就是關心自己、社會與世界。

你今天穿什麼樣的衣服呢？

如果你有「更衣照相機」、「飛空薄毯」，你想做出什麼樣的衣服？

現在就穿上最能展現自我個性的服裝，投入《哆啦A夢知識大探索》的世界吧！

目錄

哆啦A夢知識大探索

服裝祕密奇妙鏡

★本書內容中未特別載明的數據資料，皆為二〇二一年七月一日的資訊。

刊頭彩頁

日本的「服飾」歷史……1
「學生服」的時尚風格演進……8
「工作」制服圖鑑……10
一起來了解，連結人與社會的衣服究竟有多大力量？……18
漫畫 更衣照相機……22

第1章

解開衣服起源之謎……30
漫畫 泰山褲……35

第2章

日本服飾史1 從貫頭衣到十二單……43
漫畫 流行轉換病毒……50
日本服飾史2 從和服到西服……60

第3章

漫畫 誇大外套 …… 68
世界服飾史1 多樣的民族服飾 …… 76
漫畫 神槍手大雄 …… 80
世界服飾2 歐洲裙裝 …… 102

第4章

時尚雜學1 帽子圖鑑 …… 107
時尚雜學2 牛仔褲的起源 …… 110
漫畫 福爾摩斯道具組 …… 112
時尚雜學3 對照各式運動服 …… 127

第5章

漫畫 男女交換物語 …… 130
從制服學服育1 商界篇 …… 140
從制服學服育2 學校篇 …… 143
利用服裝進行溝通 …… 148

第6章

漫畫 樵夫之泉 …… 150
解謎線的原料「纖維」 …… 157
漫畫 飛空薄毯 …… 162

第7章

衣服的未來 保護人類和環境的衣服 …… 171
漫畫 潛地服 …… 175
製衣過程也能像祕密道具一樣神奇 …… 182
漫畫 機器服 …… 184
結語 …… 191

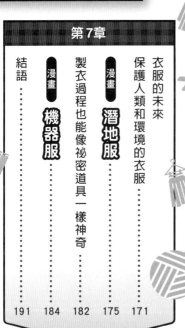

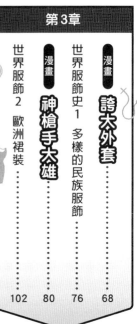

照相機

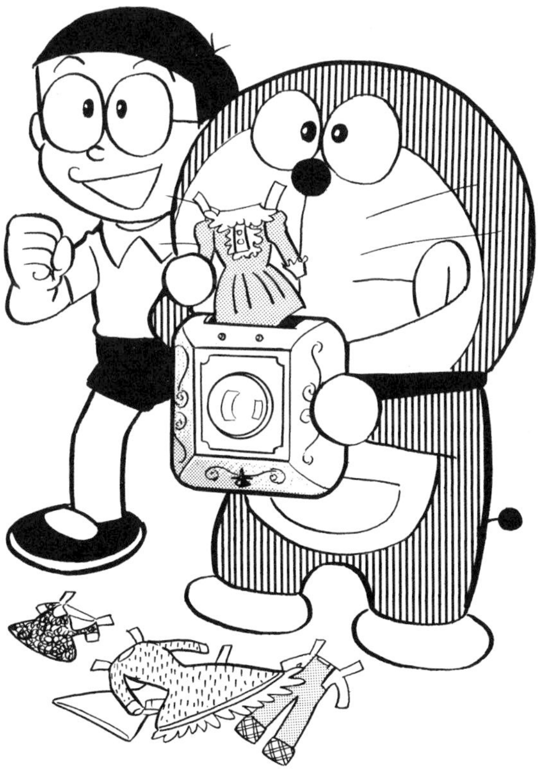

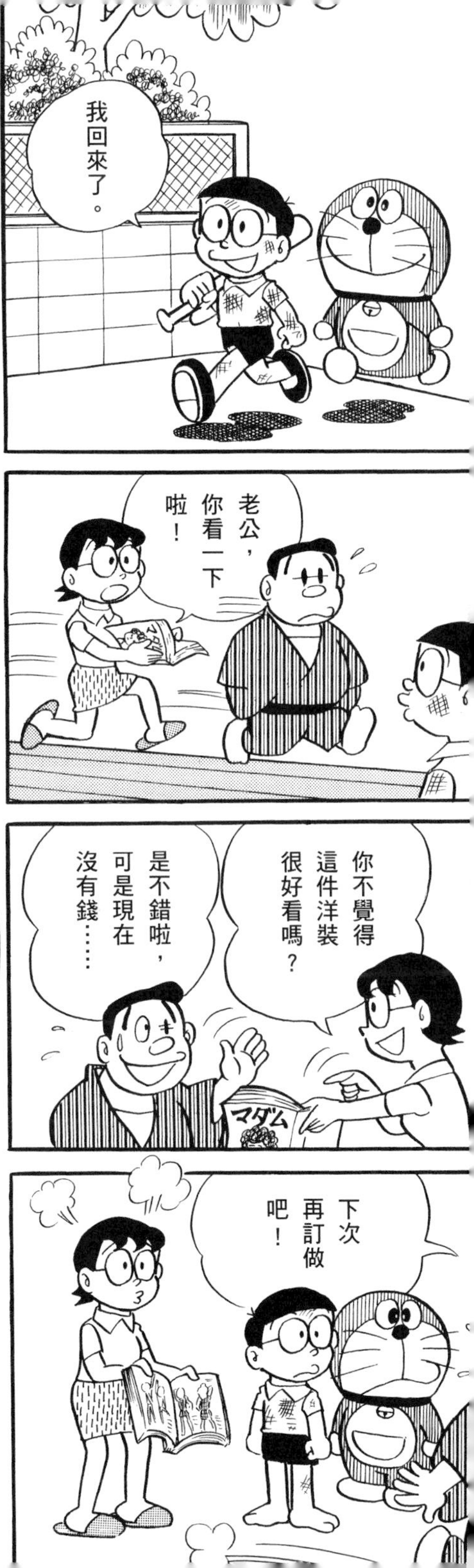
我回來了。
老公，你看一下啦！
你不覺得這件洋裝很好看嗎？
是不錯啦，可是現在沒有錢……
マダム
下次再訂做吧！

ギロ
※怒視
你又把衣服弄髒了！
你不是出門前才換過乾淨的衣服嗎？
你趕快去洗澡！
下次再把衣服弄髒，就不讓你穿衣服了！
因為爸爸不讓她訂做衣服，
所以媽媽就把脾氣發洩在我身上。

更衣

服裝祕密奇妙鏡Q&A

Q 日本的制服顏色，消防隊是藍色、急難救助隊是橘色，那緊急救護隊是什麼顏色？

A 灰色。為了讓傷病患者和其陪伴者感到潔淨才選用這個顏色，另有藍色防護衣，可預防感染。

嗶嗶！
位置對好之後，按下快門。
喀嚓！
咦？
啊！
哇……
啊？
啊！
這只不過是很簡單的原理。
你就當作是在玩堆積木就可以了。
就算是一樣的積木重新堆積組合後，就會變成各種不同的形狀。
同樣的道理，把組成衣服的元素一個個拆開來，再用照相機重新組合。
不論是什麼款式都可以嗎？
任何的款式都沒問題！
！

服裝祕密奇妙鏡Q&A

Q 水手服來自英國，那日本小學生使用的書包又是從哪裡來的呢？①德國 ②法國 ③荷蘭

A ③書包的日文ランドセル源自荷蘭文「ransel」，原型來自軍用後背包，明治時代開始成為小學生使用的箱型雙肩包。

這台照相機……應該會成為實現我的夢想的最大助力吧！
你的夢想是什麼啊？
你這樣問我，我會不好意思的……
你看看這個筆記本吧！
事實上，我為了成為服裝設計師，正在努力用功中。
你是認真的嗎？
既然如此……我也坦白告訴你。
事實上，我的夢想是成為服裝模特兒。
好好的善用我這男子漢般強健的體魄。
太……太棒了！
呵呵……
掐！
掐！
對了！我們兩人可以合作辦一場服裝秀啊……
好啊！
先把女生集合起來。
讓她們為我們歡呼~~

服裝祕密奇妙鏡Q&A

Q 日本學生服大都是國產製品，生產量最高的是哪個都道府縣？①愛知縣 ②大阪府 ③岡山縣

A ③岡山縣有許多學生服製造商，約占日本國內生產量的七成。

解開衣服起源之謎

綜觀地球上的生物，只有人類會自己穿衣服。其實人類剛開始也是不穿衣服的，各位知道人類是從什麼時候開始有穿衣服習慣的嗎？你知道衣服經歷了什麼樣的演變嗎？

回溯「西式服裝」出現以前的歷史！

襯衫、毛衣、牛仔褲、大衣等，各位的衣櫥裡一定都有各式各樣的衣服。熱的時候穿T恤，下雪的時候穿羽絨外套，人不只會依照天氣變化換穿適合的衣服，也會配合目的與場合，特別注意衣服是否得體。例如參加開學典禮或發表會時選擇穿著正裝，參加體育競賽時則穿運動服。還會透過時尚裝扮享受時下潮流，展現自我風格。

話說回來，在漫長的人類歷史中，日本人是到最近的一百年前才開始穿著西式服裝。我們對於「西式服裝」以前的衣服還有許多不清楚的地方，不只是日本和服，全世界還有各式各樣的民族服飾。人類究竟是從何時開始穿衣服的？我們對於那個時期的一切並不了解。

本節將帶你探索衣服的起源，為各位介紹原始時代的衣服到底長什麼樣子。

小小生物的DNA透露出衣服的起源！

人類的祖先是猿猴。距今約七百萬年前，人類從與黑猩猩共同的祖先分離出來，走向與其他猿猴類截然不同的演化之路。人類發明石器，懂得用火，發展出利用語言的溝通方式，不斷提升智慧與智商。大約二十到十五萬年前，與現代人幾乎相同的智人誕生了。

根據遺跡與化石的調查發現，原始人類過著狩獵採集生活，將毛皮、樹皮、植物莖部等材料製成衣服。不過，至今仍不清楚這樣的演變從何時開始。無法正確掌握衣服

的起源。原因在於以動植物製成的衣服不容易形成化石，會隨著時間過去自然分解。

從「食衣住行」這個名詞不難理解，衣服是人類生活不可或缺的重點。探索衣服的歷史，就能理解人類如何建構社會，與他國交流，發展技術與文化。即使沒有挖出化石，也能從各種觀點持續研究。

舉一個例子來說明，德國人類學研究團隊解析只會附著在人類身上的頭蝨與體虱基因。體虱是一種附著在衣服纖維上的昆蟲，和頭蝨可以說是親戚。研究團隊詳細分析體蝨從頭蝨分化時期的基因，發現體蝨就是從人類開始穿衣服的時候分離出來的，判定那時間大約七萬兩千年前※。

七萬五千到七萬年前正好是最後一次冰河期的開始，當時地球上的氣溫變動相當劇烈。隨著天氣越來越寒冷，人類為了生存，必須穿上各式各樣的衣服保暖。學者也認為不少生活於非洲的現代人祖先，在這段時期往世界各地遷徙。

以蝨子為對象的微觀調查，正是對地球環境變化的宏觀調查。綜合這兩項觀點，人類至少從七萬年前就基於禦寒、防護等原因穿上衣服。

CHECK!

人類演化的重點整理

過去認為人類演化過程是「猿人→原人→舊人→新人」，但根據最新的基因調查，人類的演化過程更為複雜。舉例來說，目前已經確定「尼安德塔人（舊人）與智人（新人）曾經交配過」，有一段時期這兩種人類共存在一起。不過，尼安德塔人為何在三萬年前滅絕，智人卻存活至今日？這個問題仍然是一個謎。也有人認為「關鍵在於製作衣服的技術差異」。

這傢伙到底是猴子？還是人？
哪有人長得這麼醜啊？

▲大雄乘坐時光機回到了古代……（引自〈石器時代的國王〉／短篇集第 7 集）

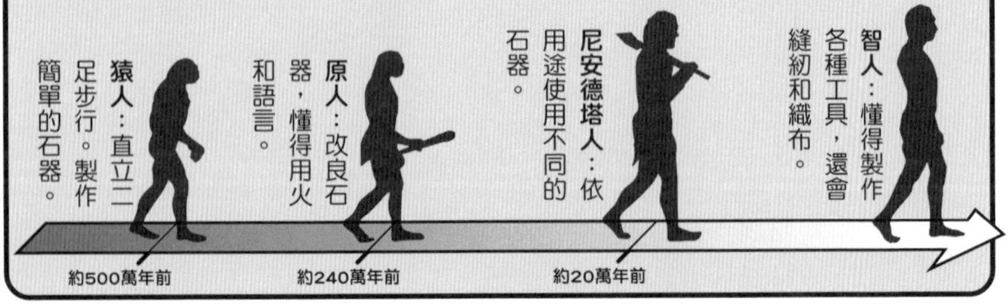
智人：懂得製作各種工具，還會縫紉和織布。
尼安德塔人：依用途使用不同的石器。
原人：改良石器，懂得用火和語言。
猿人：直立二足步行。製作簡單的石器。
約500萬年前
約240萬年前
約20萬年前

※ 引自 2003 年馬克斯・普朗克進化人類學研究所的研究結果。

長毛象牙刻著身穿大衣的女性圖案

討論人類狩獵史的時候，長毛象是經常出現的動物。長毛象是一種巨型哺乳類，存在於大約四百萬年前到數千年前，日本的北海道也曾發現長毛象的化石。

長毛象的身高達三公尺，體表覆蓋一層剛毛，彎彎的長牙也有四到五公尺長。連同長牙在內，長毛象的體重將近五噸。人類必須共同合作，一起狩獵長毛象，以肉為糧食，並利用骨頭、牙和毛皮搭建房屋、製作武器或生活工具。

位於西伯利亞（俄羅斯）大約兩萬三千年前的「馬爾他遺址」，發現了一尊以象牙雕刻成的女性雕像「馬爾他維納斯像」。雕像看起來像是穿著一件帶風帽的大衣，由此可以看出當時冰河期的禦寒裝扮。

發明以骨骼磨成的「針」，提升製衣技術！

從冰河期結束的一萬年前到五千年前左右稱為「新石器時代」。

大多數人住在洞窟，過著狩獵採集的生活，比起更早的「舊石器時代」，這個時期的人類可以製作出更精巧的工具，還有小型的細石器、石刀、弓矢等。考古學家還在

▶長毛象有一對巨牙，獵捕牠們是很困難的事情，據說當時還有人製作巨型陷阱。（引自〈石器時代的國王〉／短篇集第7集）

▼位於日本群馬縣的岩宿博物館復刻了以長毛象骨頭蓋成的住居。考古學家在岩宿遺跡發現了比繩文時代更早的舊石器時代的石器。

Abass96 via Wikimedia Commons

條紋和圓點圖案的衣服？

◀「阿傑爾高原」的壁畫描繪著數千年間的人類生活，最古老的畫作約為一萬年前。八千到六千年前的壁畫，則開始出現穿著衣服的人們。不僅如此，還有巨人與在天空飛翔的人這類充滿幻想的畫作。此處已列入世界遺產，不過，受到沙漠化與氣候異常影響，壁畫已經開始變色。

遺址發現了削過的骨頭和樹枝上有洞的「針」，由此可見，此時已經發展出縫合毛皮製成衣服的技術。

位於阿爾及利亞東南部、撒哈拉沙漠的台地「阿傑爾高原」，有許多描繪最早可回溯至一萬年前人類生活的壁畫遺跡。這個地方現在是沙漠地帶，但過去曾有河川流過，是一片疏林草原，棲息著長頸鹿、大象與犀牛等大型動物。

該處的壁畫大約有兩萬件，生動描繪著人們使用迴力鏢、弓等工具的模樣，以及獵捕水牛、河馬的情景，還能看到人們身穿圓點、條紋圖案或立領設計的衣服。由此可以推估，當時的人類已不再是純粹披著毛皮而已，他們擁有發達的縫製技術，已經能縫製衣服。

木乃伊穿的是現存最古老的衣服？

冰河期結束後，遷徙至世界各地的人類開始製作適合當地風土氣候的衣服。

一尊大約五千三百年前的木乃伊身上穿的，是目前發現最古老的衣服。這尊木乃伊來自義大利與奧地利邊境附

▼古埃及的法老（君主）拉美西斯三世祭殿裡的浮雕。纏在法老腰部的「賽特短裙」裝飾著黃金薄板。

R Prazeres via Wikimedia Commons

▶「冰人奧茲」是在阿爾卑斯冰河發現被冰封存的中年男性，這是他的復原像。腰布至少用了四隻綿羊皮縫製而成，可見當時已有豢養綿羊的習慣。

OetziTheIceman/Flickr

近的阿爾卑斯山，由於長年封存在冰層裡，因此身上的衣服和物品保存得相當完好，可以進行詳細的分析。

這尊男性木乃伊被命名為「冰人奧茲」，身穿由綿羊皮縫製的上衣和褲子、棕熊毛皮做的帽子、草編的披風，以及在皮內側塞滿乾草的鞋子。可以明顯看出這是禦寒用衣物，而且是用石器或針縫製而成。

從古埃及的木乃伊也能看出過去衣服的材質。木乃伊身上纏繞著亞麻布，亞麻是麻的一種。專家認為麻是人類最早使用的纖維，從五千年前便開始種植（詳情請參照一百五十七頁）。為了將植物纖維織成布，也發展出取絲和機織等技術。

古埃及男性會在腰上纏一條長及膝蓋的麻布，女性穿著有肩帶設計的連身裙，遮住胸部到腳踝的身體部位。男性的腰布稱為「賽特短裙（shendyt）」，被認為是裙子的起源。

此外，褲子大約出現在三千三百年前，始於亞洲北方的遊牧民族和騎馬民族，兩條褲管的設計不僅方便跨坐在馬背上，也能保護雙腿內側。

泰山褲

救命啊!!
快救救大雄。
別管他，反正這是常有的事。
汪嗚!
ガブ
※咬
你怎麼老是被狗咬啊？
我逃跑牠就追過來啊。
因為你跑，牠才追的。
可是我就是怕嘛。
你還是多親近動物比較好。
這是「泰山褲」。
可以跟動物說話，和牠們變成好朋友。
好醜喔。

服裝祕密奇妙鏡Q&A

Q

日本俗諺「馬子にも衣裝」意指給馬夫穿好衣服，看起來也像上流人士。相當於中文哪句諺語？

A 人要衣裝，佛要金裝。

厲害！
你抓到訣竅了。
啊—啊—啊—啊—啊—
不可以隨便亂叫啦。
※嘎嘎嘎
剛才那是呼叫烏鴉的叫聲。
那我該發出什麼聲音好呢？
叫狗的話是啊—啊—啊。
叫貓的話是啊—啊—啊。
聽起來都一樣。

服裝祕密奇妙鏡Q&A

Q 日文慣用句「袖を絞る」（擰袖子）是什麼意思？①努力工作 ②到處走動 ③十分悲傷

A 意思是眼淚弄溼了袖子，必須用手擰乾。代表十分悲傷的模樣。

※咻咚

我想把狗叫過來培養感情。
到空地練習吧。
啊—啊—啊。
ストッ
我不是跟你說那是叫貓的嗎！
啊——懂了嗎？
啊——
啊——
啊—
啊—
那是呼叫蟑螂的叫聲啦。
ザワザワ
啊——
啊——
啊啊——
呀啊！
走開！

※窸窣窸窣

哆啦A夢……
我不玩了。
啊啊ー
※汪汪汪
好耶。
你們終於來了。
啊！你是剛剛咬我的那隻狗吧。
※嘎喔、嗚嗚
算了，以後大家都是好朋友。
※汪汪、汪嗚、凹嗚
我好像真的泰山喔。
下次我想叫獅子出來看看。

服裝祕密奇妙鏡Q&A

Q 日文慣用句「袖にする」（袖手旁觀）是什麼意思？①感情融洽 ②態度冷淡 ③給錢

A
②表現出將雙手放在袖子裡，什麼也不做的模樣，對親近的人態度冷淡之意。

怎麼可能……
這裡怎麼會有獅子呢？一定是我在作夢。哈哈哈……
大白天的怎麼就在作夢啊？哈哈……
※喔伊喔伊
ピポー
ピポー
請待在家裡不要出門。
不要在外面閒晃，很危險。
不知道誰家養的獅子弄破籠子，
跑出來了。
原來那是真的!!
瞄準!!
啊！不可以開槍。
牠是我的朋友。

就是有這種可惡的飼主，怎麼會在狹窄日本的狹窄房子的狹窄牢籠裡養獅子。
你就在非洲快樂的生活吧。
剛剛我真是酷斃了。
大家都看到了吧？
我躲在家裡沒有看到。
像泰山一樣？騙人的吧？
GIAN
我再示範一次，你們仔細看。
※勾住
大雄！你在搞什麼？
呀哈哈哈！遜斃了。
GIAN

日本服飾史1 從貫頭衣到十二單

現在為各位一口氣介紹長達一萬年的日本服飾史，從纏著腰布的繩文時代到洋裝西服普及的明治時代完全網羅！請搭配刊頭彩頁一起閱讀。

簡單的衣服也要飾品裝飾

一般認為智人大約在三萬年前來到日本的沖繩列島，更在三萬八千年前左右抵達本州，直到一萬一千年前的繩文時代，已經形成一群人定居的「村落」。

原始的日本人以麻和毛皮為衣服，天氣暖和的時候穿麻布，天氣寒冷的時候披上野豬或鹿的毛皮。據說居住在北方和東日本的人們，還會用鮭魚皮做成禦寒衣物和鞋子。

「編布」是繩文時代製作布料的技法，由「編衣」這個詞彙演變而成，繩文土器上還有編布的紋路圖案。具體的製作方法是先將苧麻等纖維捻成線狀再用手編，或是使用木製編布台將線編成布。機織技術在繩文時代後期傳入日本，自此之後，日本人開始穿用機器織的衣服。

考古學家從繩文遺跡挖掘出配戴耳飾或髮飾的土偶，還有用翡翠、動物牙齒做成的墜飾、貝殼手環等。看來當時的日本人雖然身上穿著簡單的衣服，但都一定會配戴裝飾品。

影像提供／日本津南町教育委員會

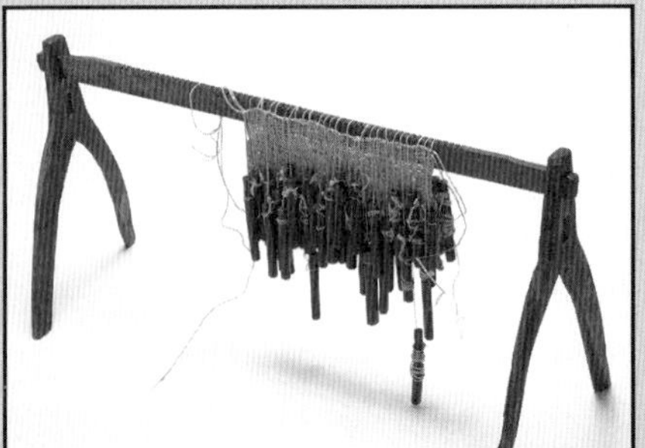

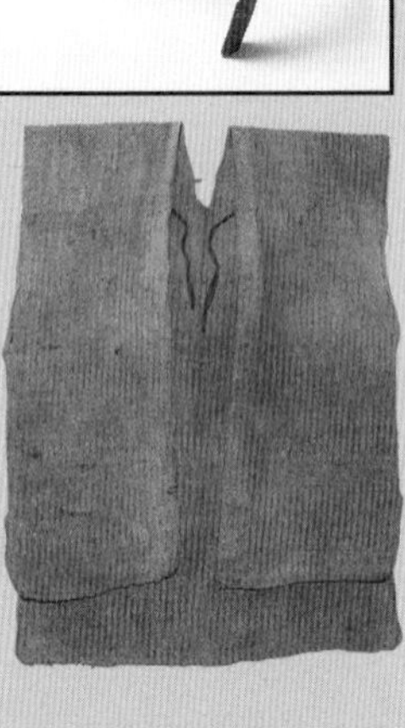

▲▶編布（右）與編布台（復原）。日本第一個發現編衣的地方就是新潟縣津南町。

彌生時代出現了成立國家的王，也發展出絲綢文化

距今兩千四百年前的彌生時代盛行水田稻作，同時也因為土地和水的問題引發多起戰爭，最後終結戰爭的王建立了集權統治的「國」。此時從中國傳入了養蠶（從蠶繭取絲）與織絹技術，因此開始出現絲綢製成的衣服。

大約兩千年前形成了日本最大的聚落唐古・鍵（奈良縣），考古學家從該處遺址挖掘出織布用的紡錘車、線捲、以骨頭和石頭製成的針等物品。不僅如此，還有許多來自日本各地的陶器。由此可見，彌生時代已經邁入與遠方聚落往來頻繁的年代。

此外，記載三世紀日本現況的中國史書《魏志倭人傳》，針對當時的衣服描述如下：「用布一幅，中穿一洞，頭貫其中。」可以推估當時的平民身穿「貫頭衣」。《魏志倭人傳》也記載了古代日本邪馬台國的女王卑彌呼，可惜沒有描寫她的穿著。據說統領數十國的卑彌呼派遣使者前往魏國（當時的中國）晉見皇帝，帶回許多禮物。可以想像得到，在魏國的影響下，卑彌呼身穿華

古墳時代豪族的衣服

▼根據埴輪和史書《古事記》，豪族男性的上衣綁著胸繩與腰帶，下半身則穿著褲子形狀的袴。膝蓋下方用繩子綁著。

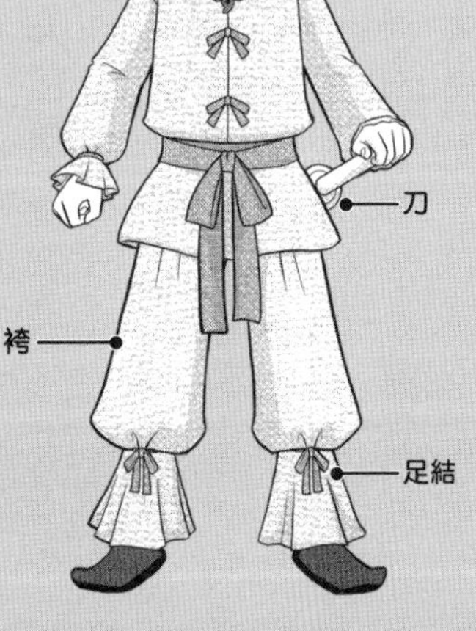

彌生時代的機織技術

▼▶身穿貫頭衣用機器織布的男性（復原像），以及從唐古・鍵遺跡出土的織布機零件（上／送布棒、下／打緯板）。織出來的布料寬約 30cm，只要縫合多塊布料就能做成衣服。

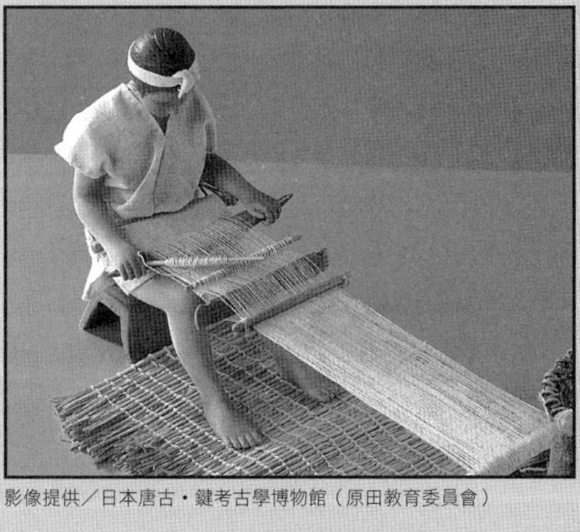

影像提供／日本唐古・鍵考古學博物館（原田教育委員會）

服，展現女王威望的情景。

統領村落與國的領袖與鄰地首領對戰，一步步擴大自己的勢力，最後成為豪族或王。古墳就是其權力和財富的象徵，三世紀末到六世紀，日本各地都出現了規模一個比一個大的古墳。裡面有武器以及華麗的裝飾品，周圍擺放著大量埴輪。除了裝扮奢華的豪族之外，還有用襷束起袖子、腰上還綁著腰帶的巫女，身穿類似貫頭衣的農夫等埴輪。由此可知，當時根據性別和身分穿著不同的衣服。

Mehdan via Wikimedia Commons

▲7 世紀末至 8 世紀初的高松塚古墳（奈良縣）壁畫的一部分，以「飛鳥美人」聞名的西壁女子群像。上衣之下穿著裙狀的裳。

日本首件制服誕生！飛鳥、奈良時代的大和朝廷

四到六世紀左右，許多人從中國和朝鮮半島移居日本。這些移民帶來了漢字和佛教，也引進輸水道、蓄水池、用機器織布、陶瓷等先進技術，促進村落與國的進一步發展。另一方面，日本皇室的祖先，也就是大王的身邊有一群大和地方（奈良縣）的豪族支持，大和政權統治區域越來越廣。最後形成了以天皇為政治中心的朝廷，官員位階則分成十二階，根據階級區分有不同顏色的絹製頂冠（冠色有幾種説法，各有論點）。

在推古天皇身邊擔任攝政大臣的聖德太子（廄戶王）推動政治改革，於西元六〇三年訂定日本首次實行的服制，也就是「冠位十二階」。此後日本服制經過多次改革，奈良時代的《養老律令》以禮服和朝服（上朝時穿著的服裝）的顏色訂定貴族位階，首位為深紫、第二位與第三位為淺紫、第四位為深緋、第五位為淺緋。

就在貴族身穿高級絲絹、配戴精緻飾品的同時，平民百姓仍然穿著粗糙的麻質衣物。平安時代之後，貴族與平民之間的差距越來越大。

平安時代開始出現充滿日本風格的衣服！

令和元年（二〇一九年）十月二十二日，日本舉行了對國內外宣達天皇陛下即位的儀式，也就是「即位禮正殿之儀」。

首相官邸 via Wikimedia Commons

備受世界矚目的「即位禮正殿之儀」

▲從平成邁入令和時代。天皇陛下在皇居宮殿「松之間」的「高御座」宣誓即位。皇后則登上「御帳台」。當時有超過 180 個國家與國際機構的代表，共同見證這場延續一千數百多年的傳統儀式。

這項傳統儀式可回溯至平安時代，天皇陛下身穿天皇裝扮「黃櫨染御袍」，雅子皇后穿著「十二單」登上宮殿台座。皇族成員和隨從也全部穿上淵遠流長的古式裝束列席觀禮。電視台和網路頻道全程實況轉播，宛如《源氏物語繪卷》的風雅場景備受注目。

時至今日，平安文化仍然在這樣的特殊場合流傳著。從西元七九四年延續大約四百年的平安時代，將都城從奈良遷至京都，停止派遣「遣唐使」，不再從大唐帝國（中國）學習制度與文化，淡化日本與大唐之間的關係，培育出日本的特有文化。

日本獨有的「平假名」和「片假名」就是在此時創造出來的，後世最熟悉的「百人一首」等和歌，也在這個時期開始傳頌。日本最古老的故事《竹取物語》誕生，清少納言的《枕草子》、紫式部的《源氏物語》等宮中文學也呈現百花齊放之姿。

日本特色也展現在衣服上，袖口變大變長，和服的整體線條變得寬鬆。貴族們熱衷於有圖案設計的布料，悉心構思衣服的色彩組合。其中最具代表性的衣服是「十二單」。專家認為在十世紀末的平安中期，原本的唐風裝扮產生變化，確立了「十二單」的穿衣哲學。

透過疊穿增色的十二單

在單與紅色長袴上，依序疊穿袿、打衣、表衣，遇到特別的日子還會再加上唐衣與裳。由於穿起來過於華美，疊穿的袿只能穿五件，稱為「五衣」。透過五衣層層疊穿時搭配的顏色（襲色目），表現出季節與色彩之美。平安末期的女性會在單衣內再穿一件小袖（上身最內層的內衣）。

唐衣
正裝時穿的短衣，是浮織上圖紋的高級織品。

檜扇
以線束起 20 至 30 多片檜木薄片的扇子，由於當時的女性不能拋頭露面，出現在大眾眼前時必須用扇子遮臉。

單
穿在最裡層，沒有內裡的衣服。尺寸比袿大一號。

表衣
平時穿在最外面，設計最華麗的袿。

袿（五衣）
與單相同版型的衣。基本上要穿五件。

打衣
亮眼的紅衣，利用顏色為整體的造型畫龍點睛。

長袴
長度及地，必須遮住雙腳。原則上是穿著紅色長袴。

平安妝髮

平安時代認為女性最美的髮型是烏黑長髮。婦女須拔掉眉毛，再用黛畫眉，成年女性須將牙齒染黑。白粉與口紅其實從飛鳥、奈良時代就有。

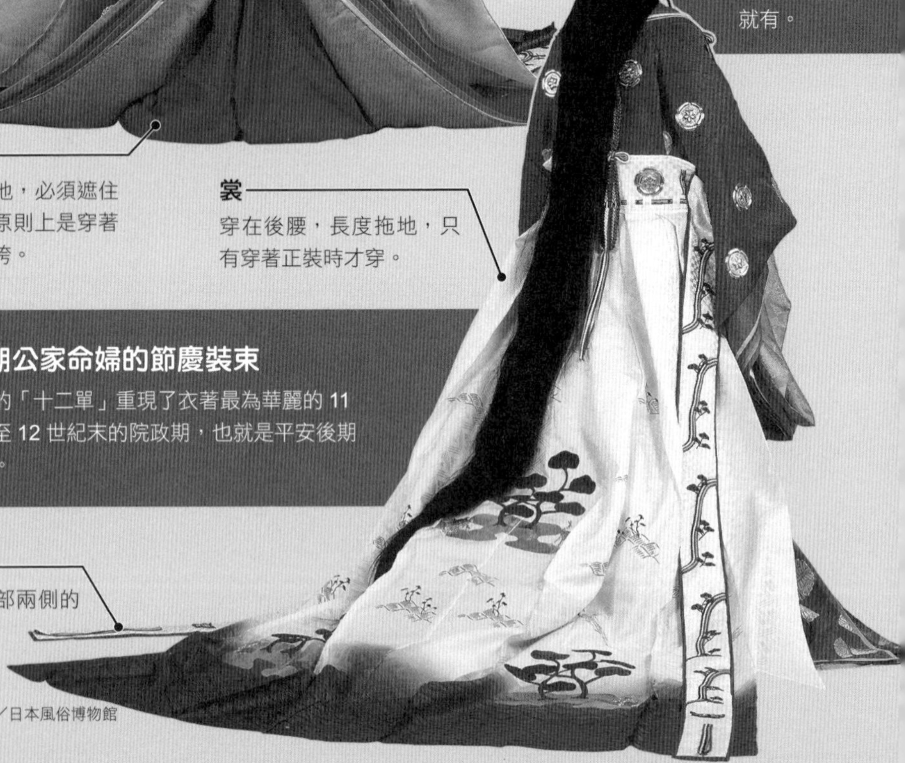

裳
穿在後腰，長度拖地，只有穿著正裝時才穿。

院政期公家命婦的節慶裝束

照片中的「十二單」重現了衣著最為華麗的 11 世紀末至 12 世紀末的院政期，也就是平安後期的裝扮。

引腰
垂在腰部兩側的飾帶。

影像提供／日本風俗博物館

引自《源氏物語五十四帖》「帚木」／日本國立國會圖書館

描述平安貴族戀愛故事的《源氏物語》

▲江戶時代浮世繪師歌川廣重描繪的紫式部作品《源氏物語》其中一景，主角是桐壺帝的二皇子光源氏（畫作右側），述說平安貴族的戀愛與憂傷。

十二單的時尚概念在於盡享季節色彩

「十二單」是在天皇宮中侍奉的女性正裝，正確名稱為「唐衣裳姿」或「女房裝束」。「十二單」的「十二」帶有「很多」的意思，有時候疊穿四到五件，多的時候甚至高達二十件。多件和服層層疊穿的做法，是為了表現色彩之美。透過顏色組合與疊穿順序享受色彩和季節感，是日本特有的時尚概念。細緻且優雅的和服文化在平安時代大放異彩。

平安貴族的穿著講究美感品味

撰寫於平安時代的隨筆《枕草子》中，將〈三四月時候的紅梅衣服〉列為「掃興的事」之一。

作者清少納言是侍奉皇后的上級女官。在清少納言的眼中，「梅花是早春的花卉，在三到四月（舊曆。以現在的曆法來說，為三月下旬到六月上旬）穿紅梅色（襲色目）的衣服，實在是不合時宜，令人感到掃興……」

當時的貴族認為透過衣服配色表現季節是必要的教養，「襲色目」的配色模式就是依照季節想出來的。疊穿衣服呈現的色彩排列，以及表裡的色彩組合，都能表現四季的花朵與景色。

以三月為例，疊穿薄紅色與萌黃色的絹衣可以表現「桃花」意象；四到五月疊穿薄紅色與青色絹衣，表現「菖蒲」的花；秋天還疊穿「紅、山吹、黃、濃青、薄青」等五種顏色的袿，展現紅葉的顏色變化。由此可以看出平安時代的顏色分類相當細緻，美學意識也很高。

不過，還有一個必須遵守的規定，那就是絕對不能穿比自己階級更高的有色衣服。以男性貴族為例，從朝服演變而來的「束帶」是屬於正裝的外袍，依階級高至低為黑色、緋色、縹色（近似藍色的顏色）等。天皇的束帶顏色為「黃櫨染」，是帶黃色的茶色。

此外，絹布表面有浮起的紋樣，顯示織布技術更加提升，紋樣也用來表現季節和階級。最高級的紋樣是「桐竹鳳凰麒麟」。令和元年的即位禮正殿之儀中，天皇陛下穿著的就是桐竹鳳凰麒麟紋樣的黃櫨染御袍。

上級貴族的日常服

◀直衣（袍）和紙貫（袴）是用織入漂亮紋樣的絲製成，頭戴烏帽子，手持笏。正裝時戴冠。

影像提供／日本風俗博物館

貴族子弟的衣著

◀貴族子弟身穿「半尻」，這是一種後身長度比成人短的上衣。顏色為紫色或萌黃色。

影像提供／日本風俗博物館

就像少女漫畫的開場一樣。
這是美麗子外出時的造型。

流行轉換病毒

你為什麼要穿得那麼花俏啊？
你說什麼!?
算了，別理他。
跟這種人生氣是沒用的。
那是今年最流行的穿著，裙子長度越長越好。
我完全不知道耶！
你們對流行還真是遲鈍。

你真有一套，能走在流行的尖端。
因為我對流行資訊很敏銳。
遲鈍也不行嗎？
不，我已經決定不要去了！
但那是睽違已久的同學會耶！
你去又沒關係。
即使我想去也不能去啊！
我的衣服通通都是迷你裙。
那你就去訂做新的衣服啊！
根本來不及啊！
所以我之前才跟你說我想要訂做新衣服……
大雄！
不要到處閒晃，趕快去寫功課！
我早就寫完了。

服裝祕密奇妙鏡Q&A

Q 「七五三」節是日本慶祝孩子長大的節日，男孩大多慶祝三歲和五歲，請問女孩是慶祝幾歲？

那就去把明天的功課也寫一寫！
這怎麼可能啊？
你笑什麼啊？
你有長幾根鬍子就了不起是嗎？
我並沒有因為長了鬍子，就擺出一副了不起的樣子啊……
最好不要跟媽媽頂嘴。
媽媽等一下氣就會消了。
可是還真是麻煩……
流行究竟是由誰決定的啊？
我也不知道。
總之，我們也要趕快跟上流行的腳步……
如果沒跟大家做相同的事，就無法安心！
！？
我們來做個有趣的實驗！
什麼實驗？

A 三歲與七歲。年齡不同在於慶祝儀式的差異，男孩要在五歲時第一次穿袴、女孩要在七歲時第一次綁上和服腰帶。

「流行轉換病毒」。
用這個來繁殖和培養病毒。
一邊培養的同時，一邊跟它說……
裙子的流行請回到之前的狀態，
流行迷你裙。
只有迷你裙才是領先潮流的裙子。
讓風散播病毒。
去看看病毒的效果吧！
已經讓大家都看過了嗎？
還有誰沒看過呢……
哈啾！
！

服裝祕密奇妙鏡Q&A

Q 平安時代宮廷固定換季的日子是四月一日與哪一天？①九月一日②十月一日③十一月一日

A ②十月一日。換季的日子稱為「更衣」，將衣服和日用品換成夏天用或冬天用。兩者皆為日本舊曆的日期。

糟糕！
我怎麼會穿成這樣呢？
真是丟臉，我不敢走在路上了。
這種衣服不要也罷！
可是這件洋裝不是才剛做好的嗎？
那是前年的衣服耶！
這就是流行。去向大家展現吧！
病毒真是了不起。
裙子最好變得比以前更短。

裙子變得越短越好。
你馬上就動歪腦筋了！
連靜香也那麼穿！
真有效耶！
裙子變得更短、越來越短……
你這傢伙也未免太好色了。
趕快去看吧！
半個人也沒有！
哈啾！
對了！裙子變得更短的話……
大家就會冷得不敢出門。
這樣就太可憐了，我們來創造溫暖的流行吧！
你覺得喇叭褲怎麼樣呢？

褲管再寬一點吧！
褲管變寬、再寬一點……
你對流行還真是敏銳耶！
是啊。
我也是。
拖拉
拖拉
真不好走路。
再創造更奇特的流行吧！

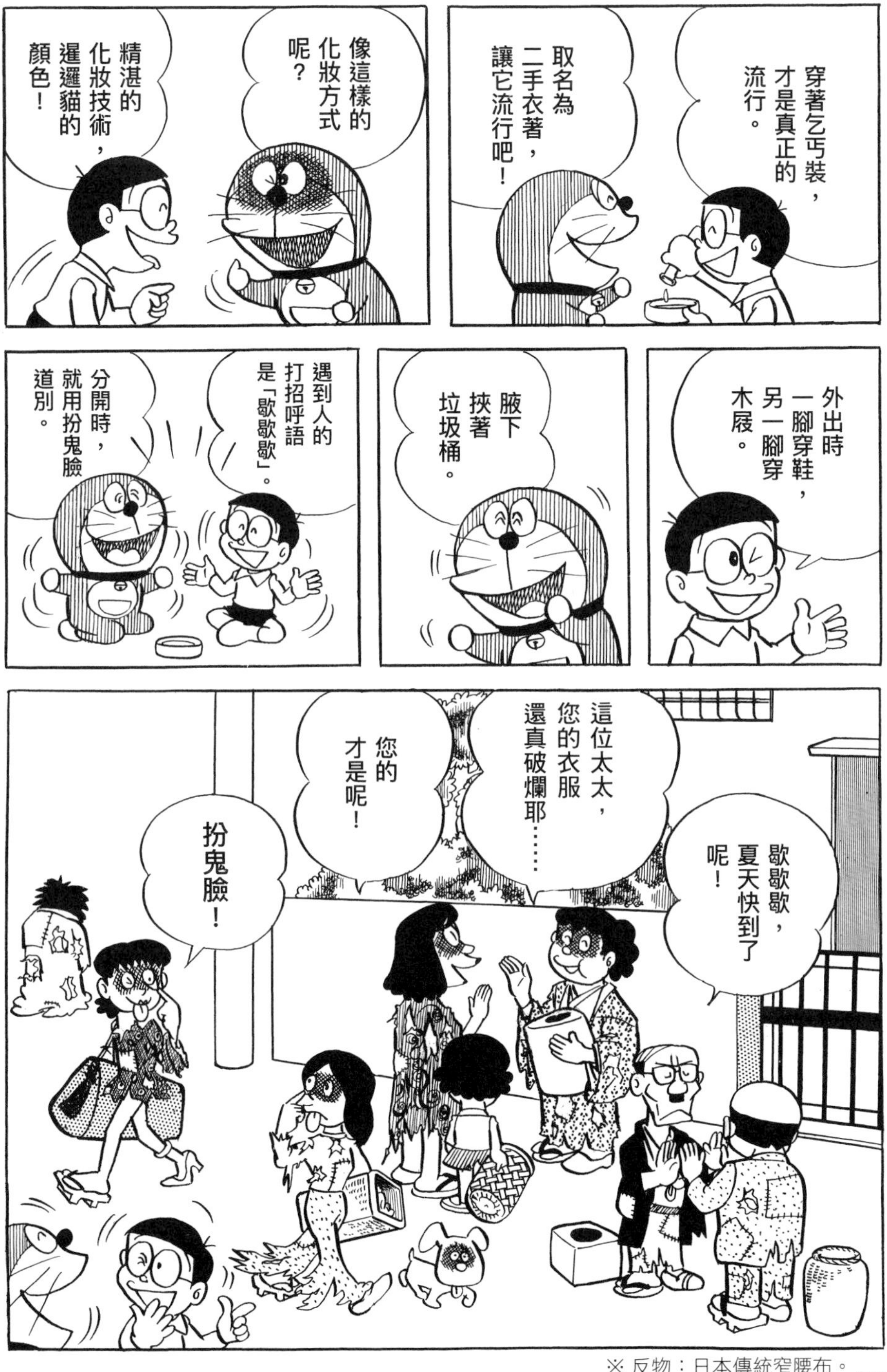
穿著乞丐裝，才是真正的流行。
取名為二手衣著，讓它流行吧！
像這樣的化妝方式呢？
精湛的化妝技術，暹邏貓的顏色！
外出時一腳穿鞋，另一腳穿木屐。
腋下挾著垃圾桶。
遇到人的打招呼語是「歇歇歇」。
分開時，就用扮鬼臉道別。
歇歇歇，夏天快到了呢！
這位太太，您的衣服還真破爛耶……
您的才是呢！
扮鬼臉！

服裝祕密奇妙鏡Q&A

Q 販售和服與反物※的店稱為吳服店，請問「吳」指的是？①黑色 ②批發 ③以前的國名

※反物：日本傳統窄腰布。

我們會不會玩過頭啦？
大家都做一樣的事，應該不會有人覺得奇怪。
病毒的壽命頂多一天而已。
大雄，你再不快點會遲到喔！
不要，不要啦！如果不穿成這樣，我不敢出去見人啦！
算了，隨便你好了！
慢了一天才被病毒感染，大雄對於流行還真是遲鈍。

A

③「吳」是中國古代的國名，布料（織物）是從吳國傳入日本。絹布稱為「吳服」，棉布與麻布稱為「太物」。

自從源賴朝建立鎌倉幕府之後，政治中心就從公家轉換到武家。武士們穿著方便活動的直垂和小袖，變得更加活躍。現在稱為「和服」的裝扮也是在這個時候誕生的。

邁入方便活動的和服時代
和服原型誕生

從平安時代後期開始，被稱為「武士」的這一群人在日本各地自立山頭，開墾荒地擴大自己的領地。其中權力最強的是平氏與源氏。平清盛坐上了朝廷的最高位階，但源賴朝結合了反對其統治的貴族和武士，成功推翻平清盛。源賴朝在鎌倉（神奈川縣）建立幕府後，在幕府奉公的家臣隨從的服裝也出現改變，有別於貴族的優雅裝扮，他們的服裝注重活動性與剛毅樸實的個性。

武士的主要服裝是侍烏帽子與「直垂」（請參照第七頁）。直垂原本是庶民的工作服，但因為方便活動，

武士的衣服「直垂」

▶上衣和袴皆使用相同的麻布或絲綢製成，依照用途將直垂分成日常服裝和禮服等。照片為室町時代的日常裝扮「素襖」。素襖在江戶時代成為禮服，染上家紋，搭配長袴。

▶引自集結江戶時代武士服裝穿著規定的《武家裝束著用之圖》——素襖的穿法。

畫／日本國立國會圖書館藏

影像提供／日本風俗博物館

深受武士喜愛，室町時代之後便成為武家禮服。直垂的款式有很多種，包括染上大大家紋的麻製「大紋」，以及沒有麻布內裡的簡單款「素襖」，戰時還會在鎧甲下穿著華麗的「鎧直垂」。

武家婦女的服裝也變得越來越簡單，疊穿的袿減至兩到三件。室町時代還將過去當內衣穿的「小袖」當成外衣穿著。小袖的袖口較小，方便活動，是現代和服的原型。江戶時代無論身分、職業或性別，小袖都成為基本服裝。

節慶裝扮「打掛」

▶安土桃山時代的武家女性。以華麗絲綢製成的小袖型打掛，披在白色小袖上。這套服裝傳承至今日，成為結婚禮服。

影像提供／日本風俗博物館

身分較高的武家女性，會在小袖外再披上一件小袖版型的「打掛」，這是她們的正裝。打掛繡上華麗刺繡，直至今日仍有許多日本女性會在結婚時穿。進入安土桃山時代後，京都的西陣一帶採用明朝（當時的中國）的染織技法，發展出「西陣織」，深受朝廷與戰國武將喜愛，後來成為日本最具代表性的高級絲織品。

CHECK!

「和風」始於室町時代

足利將軍家在京都成立幕府，進入了室町時代。這個時代確立了各種充滿日本風格的文化原型。現在稱為「和服」的「小袖」裝扮逐漸普及，茶道、花道、能、狂言等日本傳統藝術形式也在此時誕生。有凹間、棚架等設計的「和室」來自於武家生活的「書院造」建築樣式。

▶室町初期的書院造宅邸「今西家書院」（奈良縣）。

南蠻時尚
在武將之間廣為流行

安土桃山時代是織田信長、豐臣秀吉、德川家康等戰國武將們為了爭奪天下四處征戰的時代。儘管重視武家禮法，但武士的服裝變得更方便活動，設計上也更重視個性，向周遭展現自己的力量。

畫／日本長興寺藏

▲以統一天下為目標的戰國武將織田信長身穿「肩衣袴」的肖像畫。

十六世紀的南蠻人裝束

▲戴著帽子，脖子套上皺褶狀「拉夫領」，肩膀披著「capa」斗篷，下半身穿著寬褲。

影像提供／日本風俗博物館

拿掉直垂袖子的「肩衣」與穿在小袖外的「肩衣袴」是武士最常穿的服裝。不戴烏帽子，改梳傳統的武士髮型「丁髷」。剃掉額頭到頭頂的頭髮（稱為月代頭），以避免戴頭盔時悶熱。

此外，外國的鐵砲與基督教也在十六世紀從南蠻（葡萄牙和西班牙）傳入，同時引進西洋服裝（西服）。事實上，日文常用的「合羽」（防雨斗篷、雨衣）、「襦袢」（穿著和服時介於內衣與外衣之間的中衣）、「ボタン」

（鈕釦）、「ピロード」（天鵝絨）等單字，皆源自葡萄牙文。合羽來自「capa」，這是從西班牙來的聖方濟・沙勿略等傳教士穿著的黑色斗篷。信長很喜歡這款斗篷，經常搭配可拆卸襞襟「拉夫領」或帽子，據傳他也曾送斗篷給上杉謙信。

豐臣秀吉和德川家康使用從南蠻傳過來的毛織品「拉沙」（raxa）做出華麗的「陣羽織」。戰場是武將們發揮的舞臺，披在鎧甲上的陣羽織可以展現武將的意志和個性。偏好華麗風格的豐臣秀吉曾經穿過用波斯地毯做的陣羽織，以及縫上蓬鬆小鳥羽毛的金色陣羽織（蜻蛉燕文樣陣羽織／左上照片）。

此外，南蠻人穿的「卡爾桑」（calção 短褲之意）後來演變成袴的一種，名為「輕衫」。輕衫呈圓筒狀，腰部較為寬鬆，褲管收窄。由於方便活動，不只武士，町人也很常穿，是江戶時代務農和旅行時的穿著。直到今日，鳶工和木工在工作時也會穿這樣的褲子。

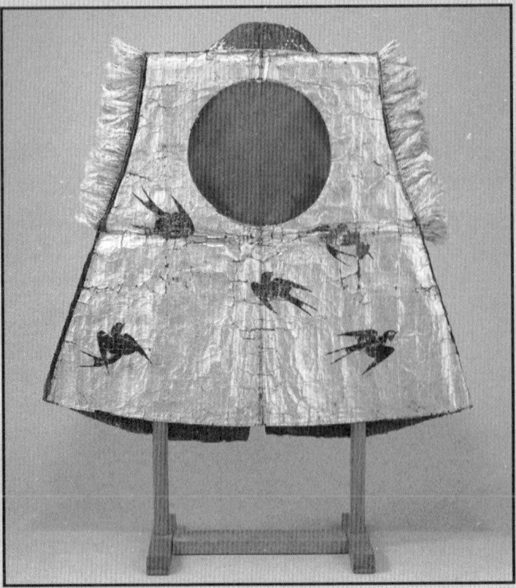

照片提供／大阪府天守閣所藏

▲「蜻蛉燕文樣陣羽織」（背面）。衣服上有蜻蜓、燕子與太陽圖案。從不往後飛，總是勇往直前的蜻蜓在日本有「勝利蟲」之稱，經常當成戰衣圖案使用。

旅行時穿上斗篷

◀這是江戶時代町人旅行時的裝扮。合羽源自外國傳教士穿的斗篷，將小袖後襬往上摺，下半身穿著細筒褲和腳絆（包圍雙腳的布料）。照片中的合羽使用有圖案的藍染布料。

影像提供／日本風俗博物館

站在路邊叫賣的攤商

路邊有一整排販售汁粉（紅豆湯）、糰子、天婦羅、蕎麥麵、壽司等食物的攤販，在小攤子裡叫賣的攤商穿著小袖與黑色腹衣。

沿街叫賣的小販

▶挑著扁擔沿街叫賣的小販將小袖的後襬往上摺，再穿上背面印有屋號的半纏（短上衣）。

當時的江戶町約有一百萬人居住，可以看到各種不同職業的人穿著各式各樣的衣服。

大江戶 工作服 時尚潮流

商人

▶即使有經濟能力，庶民百姓還是禁止穿華麗衣服，只能靠內裡或簡單圖案表現時尚。右圖商人穿的「紙子羽織」，布料是用信件

影像提供／日本風俗博物館

火消

江戶城經常發生火災，火消（現在的消防員）是當時的夢幻職業。相關組織包括「武家火消」、「町火消」，多的時候町火消高達64個，勢力相當龐大。有些鳶工也會兼差當消防員。

◀ 武士的打火裝扮。頭上戴的陣笠或頭盔還有一塊布，可以避免火花燒傷自己。

▶町火消的手中拿著有組織標記的「纏」（江戶時代各町消防組織使用的一種旗幟），身上穿著很厚的半纏。

畫／引自歌川芳虎《江戶之花子供遊》／日本國立國會圖書館藏

畫／歌川廣重《東都名所高輪廿六夜待遊興之圖》　影像提供／東京都江戶東京博物館 /DNPartcom

江戶萬聖節？

章魚人偶裝？城堡公主風角色扮演？上圖是浮世繪師歌川廣重，描繪江戶賞月活動「廿六夜待」的畫作。章魚男一行人是即興表演團體，身上穿戴的是戲服。

飛腳 ▶飛腳（郵差）是負責運送文書與貨物的人，小袖後襬往上摺起，穿著腹衣，腳上纏著腳絆。腹衣是用來保暖，腳絆則是為了保護腳踝。

役者

歌舞伎役者（演員）的浮世繪是掌握當代時尚的最佳來源，從畫作可以了解腰帶的最新綁法。舞台服裝與演員喜好的紋樣創造時尚潮流，包括「格子圖案」（左）、「弁慶格子」、「業平菱」等。

畫／歌川豐國《美人合》／日本國立國會圖書館藏

町人是江戶文化的中心！創造最新的美學意識

德川家康建立幕府開創了江戶時代，幕府與藩為了維持武士的統治權，將所有人的身分大致分成三類，分別是「武士」、「百姓（農民和漁民等）」與「町人（職人與商人）」。服裝也因為身分而有不同。

武士們的禮服是由「肩衣袴」發展而來的「裃」（日文漢字，指上衣和裙褲）。依照身分與場合，分成長裃或半裃。百姓的服裝以簡樸為主。根據某個藩對庶民制定的規定：「除了麻和棉之外，其他布料也不能做成腰帶或和服內裡。」換句話說，庶民不能穿絲綢。

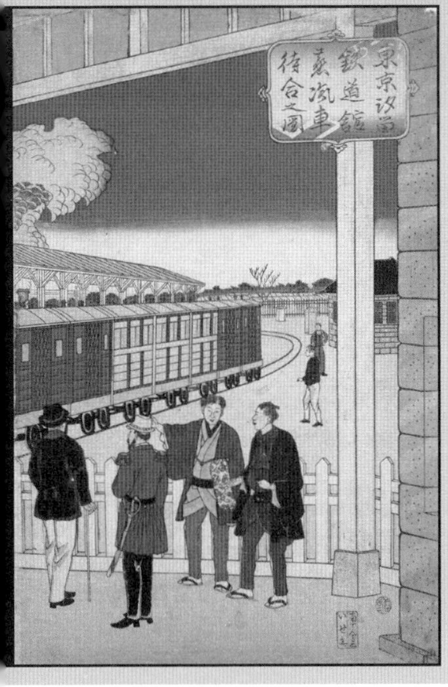

不過，實際推動經濟與文化的不是身分高尚的武士，而是町人。當日本沒有戰爭時，各地就會造橋鋪路，促進人與貨物的往來，享受服裝變化的人自然跟著增加。婦女開始講究髮型變化和腰帶綁法，町人文化發達的江戶中期（元祿期）誕生了美麗的圖案染技術，稱為「友禪染」。此外，在布料上點綴成熟色調的條紋或格子圖案，透過簡單的服裝展現「純粹」的新美學意識也在此時誕生。演出歌舞伎與人形淨琉璃的劇場人聲鼎沸，版畫技術發達也帶動浮世繪的出版且大受歡迎。

江戶文化為十九世紀的歐洲帶來很大影響，稱為「日本主義」（Japonisme）。

明治政府推廣「洋服」，「工作」與「學習」制服也跟著登場！

江戶時代的幕府施行鎖國政策，禁止日本與外國之間的交流，不過，特別開放如長崎等特定地區，可以與外國通商。由於和日本貿易的成效很好，世界各國都有聽聞，

▶明治五年（一八七二年），連結新橋與橫濱的日本第一條鐵路正式開通。新橋站（後來的汐留站）到處都是身穿和服、洋裝或和洋混搭的人們。引自一八七三年出版的《東京汐留鐵道館蒸氣車待合之圖》。

畫／日本國立國會圖書館藏

工業生產蓬勃的美國和歐洲各國開始注意到日本，希望能與日本通商，船隻可以靠港。

隨著改革聲浪越來越高，抵擋不住潮流的日本終於開國，江戶幕府倒台，成立明治政府，全力推動西化政策。最具代表性的象徵就是「洋服」。

明治政府對武士頒布《散髮脫刀令》（俗稱斷髮令），公務員的衣服從裃改成軍服或西裝。規定官吏與華族（貴族、大名、在明治維新活躍的人）必須因應官職和爵位，穿大禮服或燕尾服等禮服。這些人主動穿著洋服，在社交場合與穿著洋服的女性應酬，享受熱鬧的舞會。

另一方面，包括軍隊在內，警察局、法院、郵局和鐵路等公務機關皆制定了西式「制服」，學校也採用規定的學生服。工業發達，機械化日益普及，讓人們越來越重視方便工作的活動性，各業界開始製作各式各樣的制服。

◀明治後期的陸軍正裝。正帽有羽毛裝飾，利用飾帶綁緊上衣。

影像提供／日本風俗博物館

誇大外套

你每天待在家裡，應該也覺得很無聊吧？
偶爾也到戶外走走吧？
怎麼會無聊？
看漫畫不但緊張又刺激呢。
反過來看，戶外有什麼好玩的？
不就是一個悠閒溫和的和平世界嘛。
就是因為很無聊，所以才在家裡待著啊。
是這個社會不好。
唉～～就算一次也好，真想來一場緊張刺激的大冒險。
那就讓你試一次吧。
「誇大外套」。

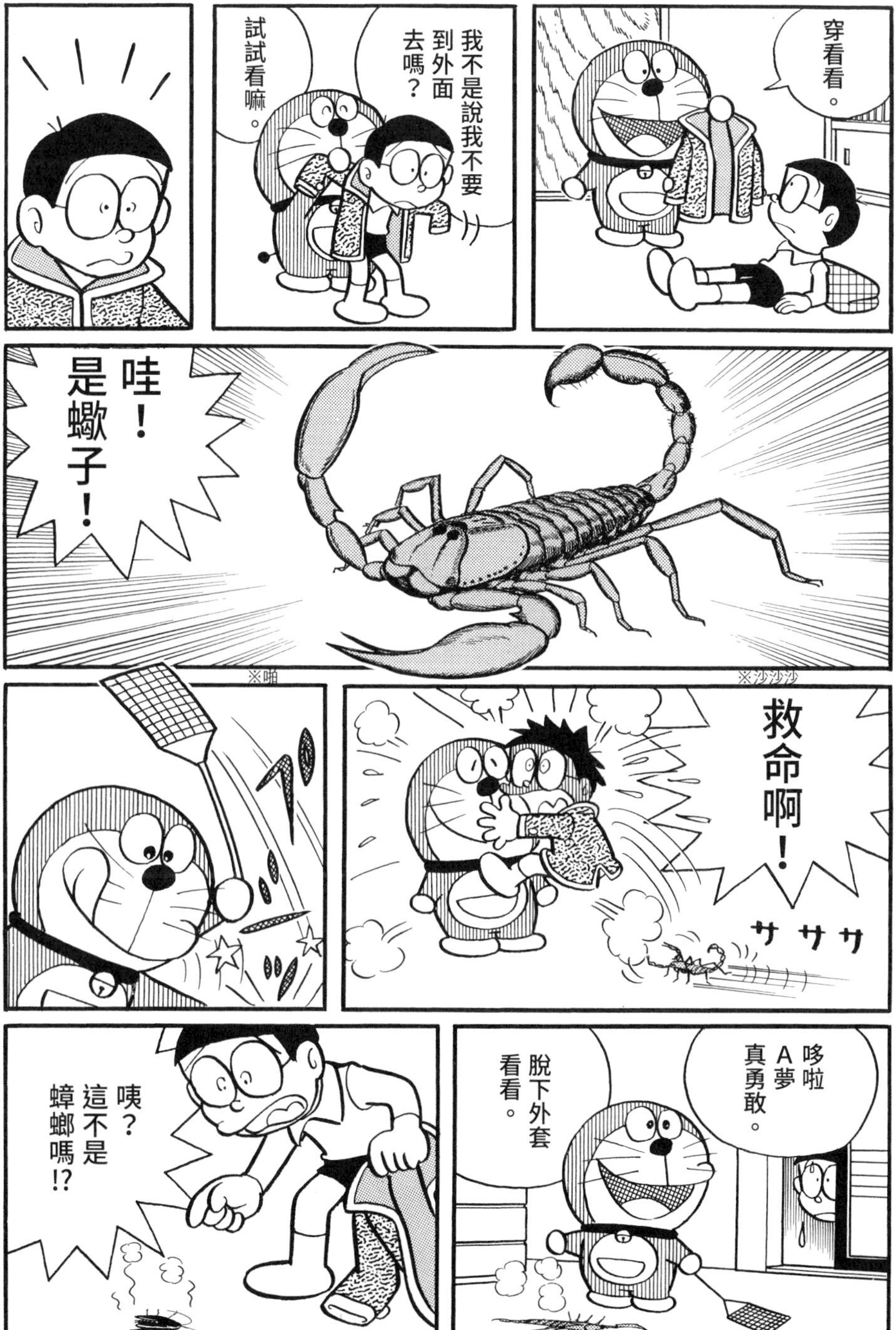
穿看看。
我不是說我不要到外面去嗎？
試試看嘛。
哇！是蠍子！
※沙沙沙
救命啊！
サササ
※啪
哆啦A夢真勇敢。
脫下外套看看。
咦？這不是蟑螂嗎!?

服裝祕密奇妙鏡Q&A

Q 日文的「オーバー」（over）是哪個詞彙的簡稱？

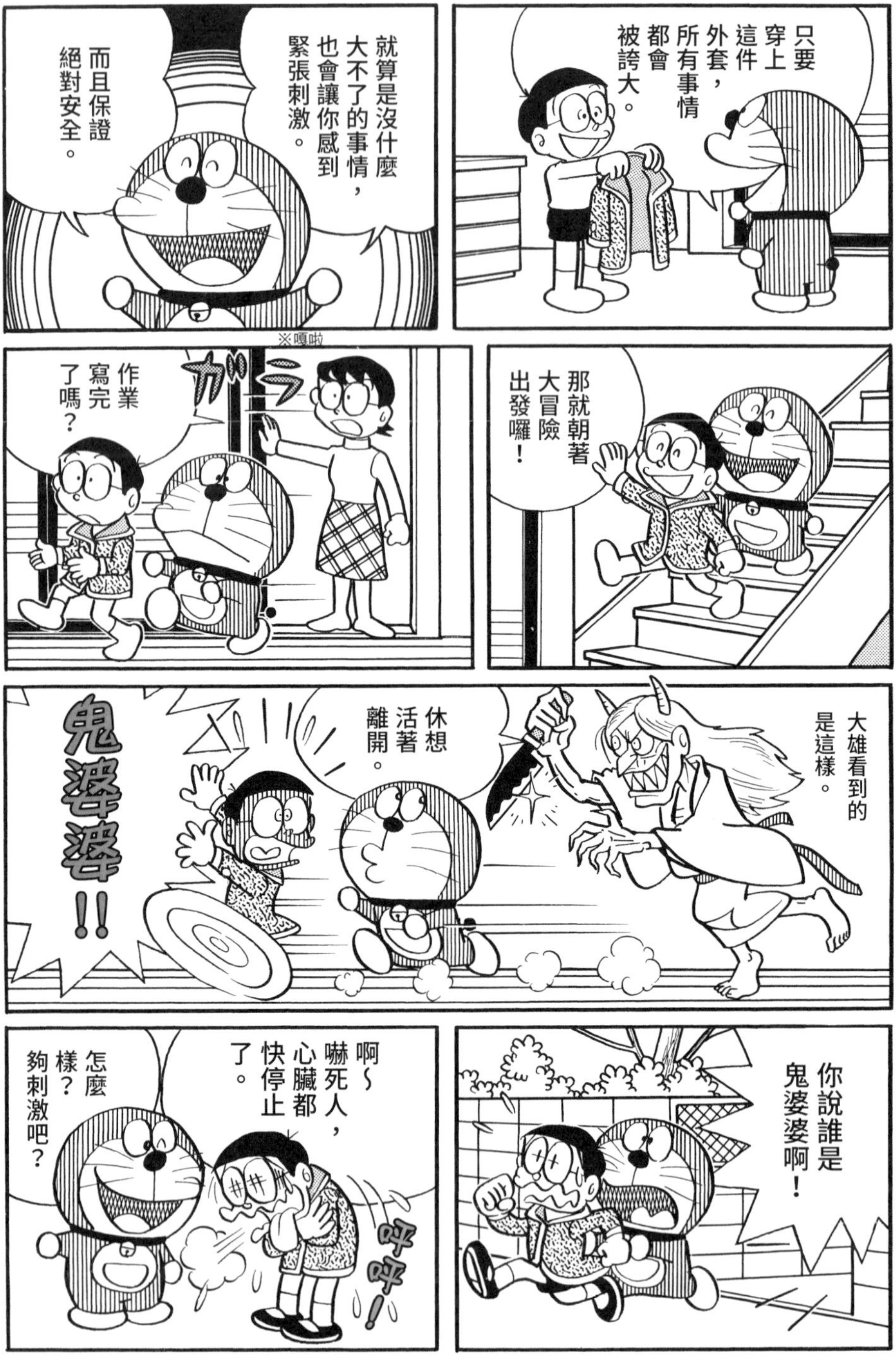

A オーバーコート（overcoat），穿在衣服外的大衣，用來禦寒或防風雨。與夾克不同，進入室內後要脫掉大衣。

吼～
用不著逃啊。
看起來像獅子，其實只是一隻小狗。
真的嗎？
可是不管怎麼看都是獅子耶。
提起勇氣和牠決鬥吧，會感覺自己好像變成了泰山喔。
吼……
好、好～～來吧！
大雄加油。
ポカポカ
汪汪汪！
汪汪！
哇～
哈哈
哈哈
？

※拳打腳踢

「誇大外套」？好像很有趣耶。
還有一件，要穿看看嗎？
兩個人開開心心的去冒險吧。
板井医院
文
哇！恐龍！
原形應該是卡車吧？
這裡竟然有叢林！
應該是空地的雜草吧？
不要每件事都揭穿嘛，會破壞氣氛的。
哈哈，對不起。
去探險吧。
不知道前方潛藏著什麼危險，不要離我太遠喔！
是。

大蟒蛇！
冒出
呀啊～蚯蚓變成的大蟒蛇好可怕喔～
有錢掉在這裡！
好像有幾百萬元耶。
那是我掉的十圓硬幣，還我！
快逃！
有海盜突襲!!
你說什麼？
我還以為完蛋了呢。
很有趣吧？
呼呼
我都流汗了。
把外套脫下來好了。

大雄看到的是這樣。
全部脫下來好了。
笨笨笨笨蛋！快住手！怎麼可以在馬路上脫衣服？
幹嘛啊？只是脫件外套而已，大雄真奇怪！

世界服飾史1 多樣的民族服飾

日本的小袖、韓國的赤古里、印度的紗麗、蘇格蘭裙等……這個世界上有各式各樣的民族服飾，這些民族服飾也影響了洋服的設計。

配合風土與生活 發展出多樣化民族服飾

在貿易與工業蓬勃發展的十九到二十世紀，西洋風服飾成為世界主流，這個結果可以在日本人的衣服從和服變成洋服上看到。越來越少人在日常生活中穿傳統民族服飾，只有在婚禮、祭典等特殊場合才穿。

民族服飾是配合各個國家、各個地區的風土和文化，呼應人們生活變化演變而來的。在互相尊重人種、文化、價值觀等多樣性的現代，越來越多人重新發現民族服飾的優點。例如在設計洋裝時融入傳統紋樣，製作出平時穿也很適合的民族服飾。為了維護自己國家的獨特性，有些國家甚至將穿著民族服飾當成一種義務。

不丹

◀一九八九年不丹政府規定所有國民都有義務穿著民族服飾。男性穿長度及膝的「幗」，女性穿長至腳踝的「旗拉」。

照片提供／不丹政府觀光局

本節向各位介紹將風土和生活差異表現在衣服型態上、直到現在仍經常穿著的民族服飾。不過此處介紹的只是其中很小一部分，即使同一個國家或地區，也有各式各樣的服裝。

「一塊布」可以避免乾燥和酷暑

生活在沙漠地帶的人們通常會在頭上纏一塊很大的布巾，這塊布可以避免陽光直射以及體內水分的蒸發，只要打開或折疊布巾，完全不須替換衣服，就能因應一整天的氣溫差異調整體溫。布巾還可以避免沙子進入口鼻，對伊斯蘭教的女性而言，她們也要遵守戒律，不可露出肌膚。長年以來在中亞與西亞地區生活的遊牧民族，都是騎駱駝或馬往來各地。穿著寬鬆長袍時即使騎駱駝或馬也不失儀態，還能驅趕危險的蠍子與蛇。

位於熱帶的非洲國家也大多將一大塊布當衣服穿。肯亞和坦尚尼亞的人們穿著長方形的花布，叫做「肯加」。人們用色彩鮮豔的棉質印花布料包覆身體或是戴在頭上，穿戴方式相當多樣。

▲敘利亞是位於西亞沙漠地帶的國家，有許多遊牧民族。

◀在上衣外綁著肯加花布的婦女。

「長袍的扣法」讓人在嚴冬時騎馬也不怕

蒙古大多是游牧和騎馬民族，他們穿的民族服飾叫做「德勒」。雖然依照部族、年齡、已婚、未婚等狀況穿法有些不同，但基本特徵是鈕釦縫在右肩與腋下，袖子長到遮住手背。這樣的設計可以在騎馬時發揮防風與防塵的作用，專家認為德勒是旗袍的原型。冬天時將綿羊毛皮縫在內側，零下三十度的嚴寒氣候也不擔心。

韓國的短上衣「赤古里」也是受到騎馬民族和中國的影響，男性會在赤古里的下方穿著褲子版型的「巴基」，女性則穿背心長裙（chima）。

◀身穿德勒的男性，下半身穿長褲和靴子。

影像提供／PIXTA

◀長度較短，前襟和袖口有刺繡裝飾的赤古里與長裙。

影像提供／PIXTA

無縫製的「一塊布」穿起來很涼

南亞和東南亞屬於高溫高溼的地區，這些地方的人們也經常將一塊布當衣服穿，例如綁在腰際遮至腳踝，或是披在肩上等等。這樣的穿法可以遮陽，也很透風，如果是棉布還能吸汗。事實上，無縫製的一塊布也具有宗教意義。

印度與巴基斯坦信仰印度教的女性教徒會披一件「紗麗」遮住身體，事實上，紗麗是五千多年前就存在的衣服。印度教認為將未經裁斷的布料披在身上是一種清淨的表現，根據地方和階級不同，紗麗的材質、設計、長度與綁法都不一樣。一般來說，紗麗的長度為五到六公尺，先在腰上繞一圈後，在前方做出皺褶，再從右肩下方往上包覆胸前，披在左肩。祈禱的時候將垂在肩膀的布料蓋在頭上。印度教的男性教徒則將「兜迪」布綁成褲子狀。

在印尼和馬來西亞，無論男女都會穿著綁在腰間的「沙龍」布。綁法很簡單，先在腰上繞一圈，再將多出來的布料塞進內側即可。色調鮮豔的蠟染（Batik）布十分有名，印尼的蠟染布還被列入聯合國教科文組織的無形文化遺產。

▲身穿紗麗的女性走在街頭。紗麗下穿著短上衣。

▲腰際圍著一條蠟染布，頭頂著器皿走路的女性。

影像提供／photolibrary

「裙裝」最適合在山岳地帶活動

居住在高低起伏山岳地帶的民族大多穿著裙裝，貼著身體的圓筒形裙裝方便活動，可走可跑。蘇格蘭男性穿著的傳統服裝蘇格蘭裙是最有名的「褶襇短裙」，使用格子毛料製成，布料上的「花呢格紋」依家族而異，代表穿著者的出身階級。現在的花呢格紋由專門組織保護管理，登錄新的圖案。不只是英國皇室和軍隊，全世界的企業、學校也都有自己專屬的格紋圖案。

中國、越南、寮國等地的苗族、孟族女性穿著及膝長度的百褶裙，裙子上有華麗的刺繡，每個紋樣都有特別的意義。刺繡也能增加衣服強度，提升耐穿性。

祕魯與玻利維亞等南美、安地斯山脈沿線的地區，有一群女性稱為「裘莉塔（cholita）」，她們穿著由多層布料製成的彩色蓬裙，長髮綁成麻花辮，再戴上圓頂高帽或圓錐帽，也有不少人披著羊駝毛製成的披肩。安地斯地區民族服飾的斗篷也很有名，男性會在斗篷下穿著夾克與七分褲。

另外，被山海圍繞的希臘男性穿著「弗斯特涅拉」、女性則穿「弗斯特」，兩種都是百褶短裙。「弗斯特涅拉」也是現今希臘陸軍的制服之一。

蘇格蘭

▲蘇格蘭裙的背面有褶襇設計。

影像提供／PIXTA

越南

▲北越山區的少數民族，孟族婦女。

影像提供／Brian Snelson from Hockley, Essex, England

祕魯

▲坐著休息的裘莉塔們。

希臘

▲穿著弗斯特涅拉前行的衛兵隊伍。

影像提供／PIXTA

神槍手大雄

※槍聲
※槍聲
成功了。
滿分三萬分！是「西部遊戲」的世界最高紀錄！
你是射擊跟翻花繩的天才。

※放入
真是太神奇了！
除此之外沒有優點，頭腦不好、運動白痴、又很遲頓……
夠了。
ストッ
射擊我真的滿厲害的。
如果我生在美國西部時代……
我想一定能成為名揚四海的神槍手，並在歷史留名。
嗯……或許吧。
不過，這很難說。
因為你很膽小。
在還沒決鬥前，
不是逃跑，就是暈倒了吧……
有什麼好笑的？
竟然瞧不起我！
對了!!
坐「時光機」，
到西部的城鎮去!!

服裝祕密奇妙鏡Q&A

Q 美國西部片的時代稱為「西部○○時代」，請問○○是哪個詞？

A 拓荒。十九世紀越來越多移民進入北美開墾土地，許多原住民的土地被搶走。

一千八百年……嗯……應該八十年前就行了。
地點是美國西部……
隨便哪裡都可以。
還好事先拿了「翻譯蒟蒻」。
因為要去使用英語的國家。
是出口~
看我大顯神威!!
墳場!?
真是奇怪的出口。
雖然有小鎮……
但是安靜得有點奇怪……
M
BANK
TAMRU

服裝祕密奇妙鏡Q&A

Q 牛仔和槍手穿的襯衫有流蘇設計，請問流蘇有什麼作用？

A 可以預防發霉。雨水會隨著流蘇滴落，可以避免黴菌附著在衣服上。這是美國原住民流傳下來的智慧。

又自己一人偷偷坐「時光機」……
不知去哪了？
難道是西部!?
那個笨蛋！拿遊戲用的玩具槍要做什麼啊？
啊，這下糟糕了。
得去救他才行。
「時光電視」。
可是美國這麼大……
到底去哪個城鎮了？
而且不知道去幾年幾月幾日，根本無從找起……
可是，不找不行啊。
等一下喔！
就算找到了……
沒有「時光機」我要怎麼去啊!?

服裝祕密奇妙鏡Q&A

Q

過去為了維持穿裙裝時的體態，歐美婦女曾將某種動物的鬍鬚縫在內衣裡。請問是哪種動物？

A
鯨魚，歐美婦女過去曾將鯨魚鬚縫在馬甲裡。西部拓荒時代流行後臀隆起的裙裝造型。

ザバ
※潑
哈啾！
終於醒了。
太好了！你被決鬥的槍聲嚇暈了。
暈倒!?
糟了！
ザッ
※颯
你想幹嘛？
那是玩具槍耶！
ガク
※摔倒

小孩子在這裡遊蕩是很危險的。
趁還沒受傷前，快點回去吧！
話說回來，這下糟了！又有一個保安官被殺了。
枉費我們摩哥鎮不惜耗費重金，四處尋找技術高超的神槍手……
這是第二十三個人了。
這個鎮上已經沒有人想擔任保安官了。
這個鎮有這麼慘嗎？
鎮長。
我是來道別的。
我無法繼續待在這裡了。
等等！
這樣不就正合那些壞蛋的心意了？大家應該想辦法團結起來保護這個鎮……
那是不可能的。
對方僱了十幾個亡命之徒，我們根本不是他們的對手。

服裝祕密奇妙鏡Q&A

Q 牛仔褲布料「丹寧布」，日本產量最多的地方是哪裡？①岡山縣 ②廣島縣 ③福岡縣

A ② 廣島縣福山市生產的高級丹寧布約占日本全國的一半，此處從江戶時代就是主要種植棉花與染布業發達的地區。

不是我要逃跑！
是因為被人家拒絕，我也沒辦法。
不見了！
「時光機」的入口……
對了！下來的時候忘了踩煞車……
不知道漂流到哪個時代去了。
哇——
我回不去了，怎麼辦!?
哆啦A夢，救命啊！
バギュ

※咻砰砰、磅

※砰砰砰
忤逆我們的人，就是這種下場。
別去啊，會被殺死的。
我是鎮長，有義務保護這個鎮。
真是榮幸啊……
鎮長大人親自來迎接。
再繼續亂來，我就逮捕你們。

Q 據說「ワイシャツ」是日本人聽錯創造出來的名詞，這是真的嗎？

※砰砰、鏘、嘎

A 真的。日本人將英文White shirt少聽到尾音「t」成了音近why shirt。以前襯衫前後兩邊下襬可用鈕釦扣起避免下襬跑出褲頭。

流血了……
被我的子彈打中流血了！
這是當然的啊。
暈倒了。
該說他厲害還是沒用呢……
不要！不要！我沒自信當什麼保安官。
別這麼說，沒有比你更厲害的神槍手了。
可是被我打倒的話，會很痛吧？搞不好會死掉……
對方是大壞蛋。
我們也會幫你的。
哼，別以為這樣就沒事了。
我們的夥伴一定不會放過你的。
他們一定會衝進這裡，殺光鎮上所有的人……

服裝祕密奇妙鏡Q&A

Q 牛仔褲為什麼是藍色的？除了不顯髒之外，還有什麼其他原因？

A 避蛇。牛仔褲的靛藍染料中含有劇毒的響尾蛇討厭的成分，讓身穿牛仔褲工作的礦工可以安心挖礦。

大約三十個人。
哇啊！來了三百多個人。
他們一旦抵達鎮的入口，我們就一起開槍。
懂嗎？
嗯、嗯……
為了這個鎮。
為了正義。
ブル
ブル
※拔槍
バギュ
ギュ
バギュ
ギュ
※砰砰砰
快下馬！
用建築物做為掩護，慢慢逼進！

服裝祕密奇妙鏡Q&A

Q 哪個國家被稱為「領帶發祥地」？①義大利 ②克羅埃西亞 ③保加利亞

※砰砰砰

A ②十七世紀法國國王模仿克羅埃西亞士兵的領巾，造成一股流行。

服裝祕密奇妙鏡Q&A

Q 居住在北極圈的民族穿著的衣服靈感從何而來？①無袖背心 ②連帽上衣 ③連身服

A ②連帽上衣。據傳是源自因紐特人穿的附頭巾禦寒衣（Parka，派克大衣），由海豹毛皮製成。

爸爸!!
我們得救了。
大雄一個人就讓三十個人睡著了。
大雄呢？
對喔……
大雄!!
喂，大雄！
大雄！
再見面就很難回得去了。
快走吧。
神奇的少年……
他說不定是為了幫助我們，特地從遙遠的星球來的。

傳說有一個謎之神槍手，單槍匹馬解決了摩哥鎮上的壞蛋。
一定是指大雄。
真的嗎!?
砰！
砰砰！
胖虎好厲害喔。
大雄你也被打到了。
躺下吧！
可是、可是……
我絕對不可能輸的……
難得看到大雄這麼倔強，真是稀奇啊。

世界服飾史2 歐洲裙裝

十六世紀紡織產業蓬勃發展，歐洲各國出現了各式各樣的時尚潮流。法國從十七世紀便一直引領女性時尚，裙裝更是反映社會現況與藝術風格的持續變化。本節將從王公貴族的生活變得奢華的十六世紀，到休閒服飾普及的二十世紀，為各位介紹最具代表性的裙裝造型，同時一窺流行與社會變遷。

16世紀

束起腰部的立體美

在裙裝之下穿著塑身衣（馬甲），強調纖細的腰部線條，這是宮廷服飾的基本造型。此時的裙子大量使用絲綢，利用裙撐做出圓錐形外觀。頸部戴上孔雀開屏風的裝飾領，讓立體美更加浮誇。

蓬裙的祕密

這個時代的女性穿著用鯨魚骨或竹籐製作骨架的裙撐；可以調整胸部到腰部身體線條的馬甲，也縫入鯨魚鬚或金屬線。

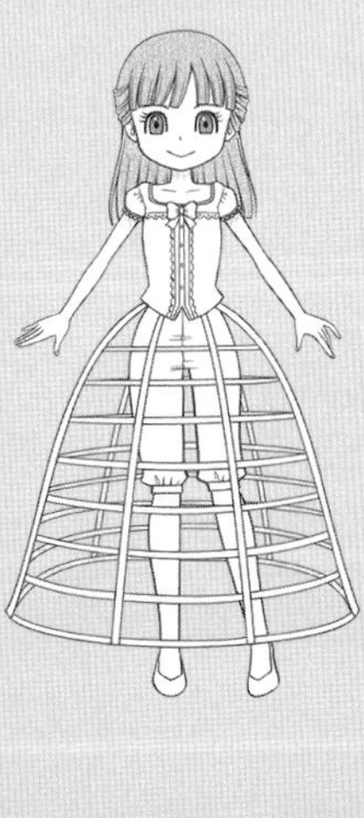

18世紀

增添華麗裝飾的洛可可風格

「法式長袍（Robe à la française）」是宮廷禮服，背面的布料長至拖地，裙子往左右兩邊隆起。受到「洛可可」藝術風格的影響，衣服增添了許多華麗裝飾。法國的瑪麗・安東尼王后成為時尚指標。

19世紀初期

受革命影響 裙子風格變簡樸

一七八九年，法國人民掀起了法國大革命。王公貴族的奢華生活遭到人民厭惡，從此之後裙子線條變直，設計也變為簡樸。十九世紀初期，法國皇帝拿破崙命令貴族穿著絲綢，藉此保住紡織產業與宮廷權威。

19世紀前半

蓬裙再度回歸 充滿浪漫風格

法國恢復王政體制，馬甲與分量十足的蓬裙也再度回歸。利用皺褶使袖子蓬鬆，惹人憐愛的浪漫風格備受歡迎。資產階級（財力豐厚的工商業者）在社會上擁有權力。

1850年代～

工業革命 增加了裙子布料

工業革命在歐洲興起，捻線、織布和染色技術與生產效率提升。此時流行「克里諾林裙襯」，將裙子撐開並使用大量布料，創造出色彩鮮豔的裙裝。

1870年代～

日本也流行的 西式襯裙

一八七〇年代，流行後臀隆起的「巴斯爾裙襯」式裙裝，內部利用鋼絲與胚布做出半圓形骨架穿在腰上。明治時代出入日本知名社交場所鹿鳴館的女性，也都會穿著這類裙裝。

20世紀初期

改良裙子 擺脫馬甲

廢除束縛女性身體的馬甲，邁入解放女性的裙裝時代。隨著衣服改良運動與巴黎「高級訂製服（haute couture）」設計師興起，發表了無須馬甲的裙子，形成現代衣服的起源。

20世紀前半

大眾時代 裙子變短

經歷第一次世界大戰（一九一四至一九一八年），進入「黃金的二〇年代」。在飛來波女郎（Flappers）與摩登女郎（modern girl）等年輕女性族群之間，流行起短髮和及膝裙。時尚設計師香奈兒也在此時登場。

1930年代

經濟大蕭條時代 再度流行長裙

受到美國股市暴跌影響，引發全球規模的經濟大蕭條，景氣持續低迷不振。人們偏好保守設計勝過嶄新潮流，裙子長度再次變長。尼龍等化學纖維陸續開發，誕生許多新布料。

1940年代

世界大戰 軍裝風抬頭

第二次世界大戰期間（一九三九至一九四五年）沒有心思追求時尚。許多國家的人民必須持有國家發行的配給券才能買衣服。戰爭結束後物資依舊缺乏，設計上類似軍服的實用服裝成為主流。

1950年代

終戰後 時尚注入活水！

戰後的混亂狀態平息，重視剪裁的裙子與優雅的套裝大受歡迎。香奈兒、聖羅蘭、迪奧等人氣設計師引領時尚界，源自美國的丹寧時尚也逐漸普及。

60～70年代

迷你裙 大流行

在由年輕族群引領創造新文化的六〇至七〇年代，已經不再時興製作高級訂製服，越來越多人隨興穿著成衣。來自倫敦街頭的迷你裙也大為流行。

CHECK!

香奈兒的裙裝解放了女性

最能代表 20 世紀的時尚設計師是「香奈兒」品牌創辦人可可・香奈兒（1883～1971 年）。1910 年，她先在巴黎開設帽子店，陸續發表女性套裝、包包與香水等商品。去除華麗裝飾，兼顧實用性與時尚感。之前的女性受到舊時代價值觀影響，身心都受到束縛，香奈兒設計出腰際線條較為寬鬆的衣服，可說是解放了所有女性。採用過去多用在男性內衣的羊毛針織布料製作裙子，在物資缺乏的戰後時期大受歡迎。香奈兒留下無數名言，包括「簡單是所有真正優雅的基調」、「服裝的優美在於活動自如」。

◀一九三四年左右的可可・香奈兒。

影像提供／ AP/Aflo

80年代

◆表現在衣服上的女強人形象◆

女性開始出社會工作，透過服裝表現出不輸給男性的女強人形象。凸顯迷人身段的套裝和黑白色調大為流行。日本設計師品牌受到矚目，創辦東京時裝週。

90年代

◆推動多樣化改變時尚業界◆

不分男女都喜歡的休閒時尚、滑板風街頭潮流陸續登場，時尚變得越來越多樣化。報導時尚訊息的媒體也越來越多，時尚業界產生極大變化。

CHECK! 新娘禮服為什麼是白色的？

據說英國維多利亞女王開創了新娘穿白色禮服的慣例。1840年，女王與艾伯特王子結婚時，選擇穿上當時十分少見的白色禮服。頭上不戴王冠，而是白色花冠。不拘泥於傳統，以白色表現新娘的純潔，女王的白色禮服成為歐洲女性嚮往的結婚禮服。

直到 1950 年代之後，白色結婚禮服才普及於一般民眾之間。包括 1956 年摩洛哥王妃葛麗絲・凱莉與 1981 年英國黛安娜王妃在內，皇室婚禮使得白色結婚禮服更加受到歡迎。

Joe Haupt/Flickr

▲黛安娜王妃（當時）穿的禮服後襬長達 7.62 公尺。

時尚雜學1 帽子圖鑑

烏帽子、斗笠、頭巾等，自古以來帽子款式相當多樣。據說全世界有超過一百種帽子。哆啦A夢的祕密道具也有各式帽子，在此一併介紹！

中折帽

材質為羊毛氈，帽冠和帽簷的銜接處有裝飾緞帶設計，帽冠往內凹。義大利製帽品牌 Borsalino 的中折帽最為有名。

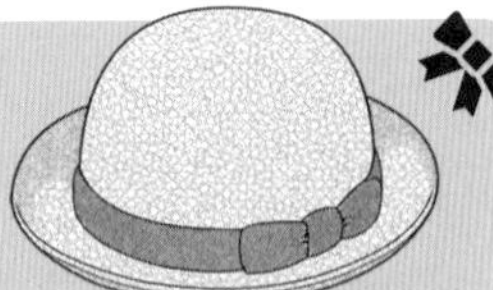

圓頂硬禮帽

源自於英國，又稱為博勒帽。日本明治時代的男性很流行穿和服時，搭配一頂圓頂硬禮帽的和洋折衷風格。

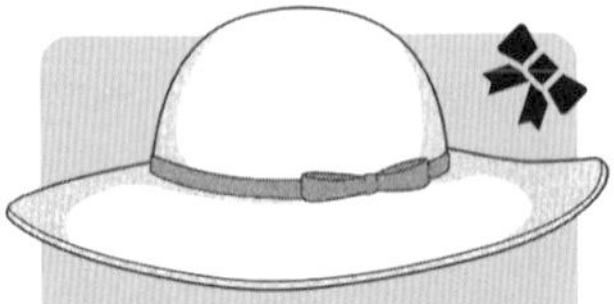

寬邊女帽

以線條柔順大帽簷為特色的女用帽子，又稱為花園帽。加上緞帶和花飾點綴，增添華麗感。

提洛爾編織帽

源自於阿爾卑斯山提洛爾地區的農民戴的帽子。後方帽簷往上摺，再加上羽毛裝飾。

輕鬆登山帽

只要改變帽子上羽毛的角度，即使遇到陡急的山坡也能輕輕鬆鬆的克服。就連在電線桿上也能九十度往上走。

戴上就能變得跟一寸法師一樣小的帽子。戴上一吋帽子後，兩人共享一個霜淇淋也能吃得很滿足。

一吋帽子

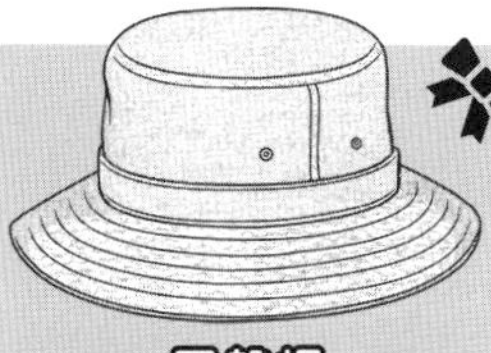

圓盤帽

通常以撥水性高的布料製成，帽子上有透氣孔，戴起來不悶熱。帽筒較深的「漁夫帽」也屬於同一類。

獵鹿帽

獵鹿帽的後帽舌可以保護頸部，避免打獵時被樹枝刮傷。由於夏洛克・福爾摩斯經常戴著獵鹿帽而聲名大噪。

狩獵帽

前方有遮陽帽簷的圓形扁帽，起源自英國，是打獵時的用品。由於戴起來很牢固，許多人打高爾夫球時也會戴上。

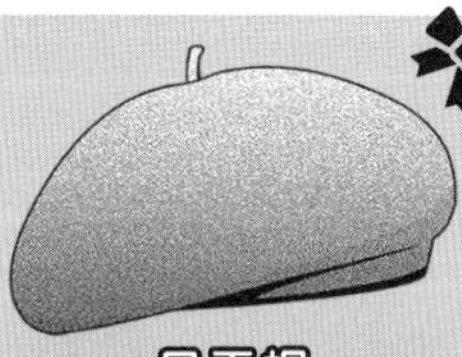

貝雷帽

無帽簷圓帽。起源自西班牙和法國邊境巴斯克地區的農民，模仿僧侶戴的帽子。

針織毛帽

在船艦上負責站崗的美國海軍穿戴的禦寒用針織毛帽。原名為「Watch Hat」，簡稱「Watch」。

牛仔帽

這是美國牛仔最愛戴的一種帽子。帽簷較寬，帽子頂部往內凹，方便用手指抓取。

藝術家與帽子

畢卡索與羅丹等藝術家最愛戴的就是貝雷帽，日本漫畫大師手塚治虫曾經說「貝雷帽是我臉的一部分」，崇拜手塚大師的藤子・F・不二雄也喜歡戴貝雷帽。

▲想當漫畫家的小珠也愛戴貝雷帽！

隨時滑雪帽

只有戴上這頂帽子的人才會看見雪，轉動帽子上的轉盤，還能調節積雪量。

如同所見畫家帽

貝雷帽可以感應到配戴者看見的景色，再用「二十四色自動筆」真實重現，逼真得就像照片一樣。

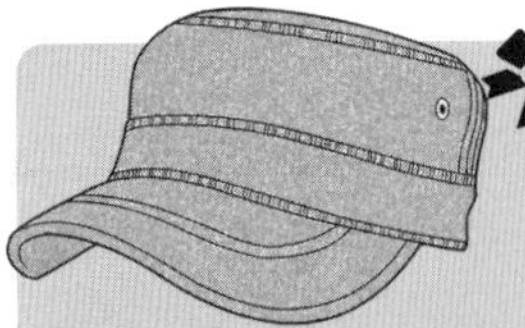

工作帽

起源於 1900 年代美國鐵路作業員戴的「鐵道工人帽」，後來普及至其他作業人員或技術人員。

船工帽

以麥稈（麥子的莖部）編織成的硬帽，帽頂和帽簷都是平的，是其特色所在。最早是水兵和舵手使用的帽子。

巴拿馬帽

以巴拿馬草嫩葉編織而成的柔軟中折帽。發祥於厄瓜多，製造方法已被聯合國教科文組織列為無形文化遺產。

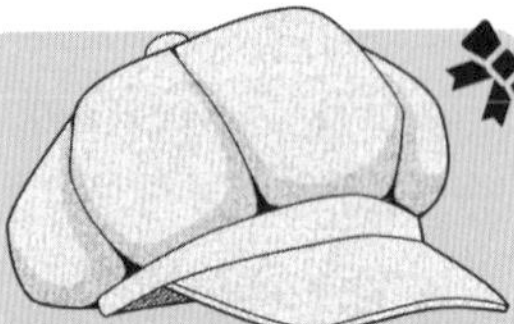

報童帽

狩獵帽的一種。過去大多是送報生在配戴，因此得名。

棒球帽

1860 年左右有美國棒球隊開始戴，後來決定穿制服時都要戴棒球帽，因此普及。

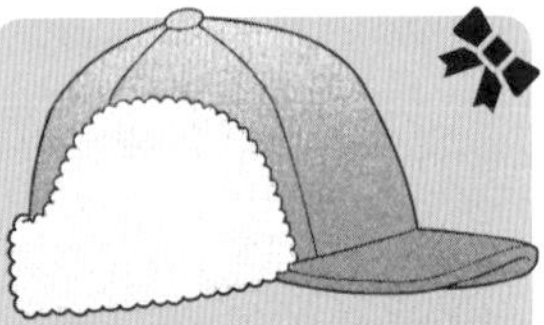

飛行帽

飛行員和摩托車騎士駕駛時戴的禦寒、防風用絨毛襯裡帽。有些飛行帽沒有前帽簷。

大禮帽

男性穿著禮服時配戴的帽子，帽冠為圓柱狀。以帶有光澤感的黑色絲綢製成。魔術師也常戴，用來藏魔術道具。

遮陽帽

避免陽光直射眼睛的帽子，只有前帽簷和固定用帽帶。打網球或高爾夫球時經常使用。

海軍帽

船員的帽子。前方有短版的遮陽帽簷，帽頂採用柔軟的布料。飛行員、警官和消防員穿著正裝時也會配戴。

任何人戴上這頂棒球帽都能成為王牌投手。戴上它投球或丟擲物品一定能命中目標！

王牌投手帽
哎呀、哎呀、哎呀！
クルッ

★其實還有許多帽子型態的祕密道具，包括「石頭帽」、「印象逆轉燈」、「超能力帽」、「快遞帽子」等，大家不妨翻閱漫畫找找看！

時尚雜學2 牛仔褲的起源

你知道牛仔褲是工作服演變而來的嗎?牛仔褲為什麼能扭轉由上流階級和富豪名媛引領的「時尚潮流」,成功打造「下剋上」的成功故事?且看本節的介紹!

礦工的工作服 成為開墾精神的象徵!

十九世紀後半,美國加州發現了新的金礦礦場,引發歷史上知名的「淘金熱」。不少人從世界各地蜂擁至加州,就是為了尋找可以採到黃金的礦坑,以及新的工作機會。

李維・史特勞斯(Levi Strauss)是牛仔褲原型的製作者,他是來自德國的移民,一八五三年遷往淘金熱的核心地區舊金山。他在舊金山與家人開設服裝店。在礦坑工作的工人需要耐穿的工作服,以因應重度勞動的工作需求。於是史特勞斯想到利用馬車布帳的原料,也就是帆布,做出未染色的工作褲。後來改成用靛藍染成藍色,布料也換成厚棉布,讓汙漬看起來不明顯。

一八七三年,專業打版師雅各布・戴維斯想出以銅鉚釘固定口袋的做法,兩人共同完成了「Levi's®牛仔褲」。不只是礦工穿著,西部牛仔也很愛穿,牛仔褲成為美國拓荒精神的服裝。

表現自由與全新價值觀 更吸引狂熱愛好者目光

第二次世界大戰後的一九五〇年代,電影明星穿著牛仔褲的造型引起年輕世代共鳴,讓牛仔褲成為全球性時尚單品。牛仔褲的製造商越來越多,推出各式各樣新顏色與新造型的牛仔服飾。

六〇到七〇年代,年輕族群追求自由和新的價值觀,在反戰運動期間牛仔褲成為年輕人最愛的單品。T恤搭配牛仔褲,再戴上民族風飾品的「嬉皮造型」在美國爆紅,也在全球掀起風潮。

此外，英國還誕生了「龐克造型」，將T恤與牛仔褲撕開（割破），再搭配別上安全別針與鍊條的外套。這樣的穿著深受反抗強權的年輕世代喜愛，搖滾樂與龐克樂也大為流行。

進入八〇年代後，牛仔褲更加深入各個世代與富豪階級。知名設計師將牛仔褲列入高級時裝，享受褪色、汙漬等牛仔褲變化的狂熱愛好者也越來越多。Levi's®早期的古董牛仔褲，現在的價值已經超過一千萬日圓（約兩百三十萬台幣）。

伊夫・聖羅蘭是足以代表二十世紀的時尚設計師之一，他曾說：「我很遺憾自己沒能推出牛仔褲。」

▲一八八〇年左右的加州礦坑，採礦工人穿著Levi's®牛仔褲。

影像提供／Ullstein bild/Aflo

影像提供／Ullstein bild/Aflo

▲1880年左右的利惠公司（Levi Strauss & Co.）海報，介紹吊帶褲、連身衣與短外套等商品。

福爾摩斯道具組

嗯嗯，
哦……
咦？
原來如此！
嗯嗯……
你怎麼這麼晚回來？
不愧是……
厲害！
……？
走路時要看路啊！
你在看什麼看得那麼入神啊？
因為太有趣了！
夏洛克、福爾摩斯
福爾摩斯先生，你慢了一步。
有一個人要拜託你調查事件，剛剛才離開而已。

服裝祕密奇妙鏡Q&A

Q 柯南・道爾寫的小說主角「夏洛克・福爾摩斯」經常戴什麼樣的帽子？

A 獵鹿帽。在小説插畫和影像作品中，經常出現福爾摩斯頭戴獵鹿帽，嘴咬菸斗的模樣。

服裝祕密奇妙鏡Q&A

Q 男性的正式禮服是以下哪一個？①晚宴服 ②燕尾服

有沒有道具，可以成為名偵探的啊？
有嗎？
「福爾摩斯道具組」。
靜香！靜香！
你還在啊？
什麼事？我現在很忙耶！
你看起來好像很困擾，讓我來為你解決吧！
不，你什麼都不必說。
讓我來推理發生什麼事了吧！
嗯……這裡就是犯罪現場，東西散亂一地。
這是我和媽媽弄亂的。

A ②燕尾服指的是後襬較長，如燕尾一般分成兩股的黑色西裝外套，搭配白色領結。晚宴服是準禮服。

Q 下列哪種衣服英名源自人名？①斗篷（manteau）②毛衣（sweater）③開襟外套（cardigan）

既然來了，我們就來好好的玩吧！該玩什麼好呢？
那我的東西該怎麼辦？
對喔！
「推理帽」。
只要這樣弄，頭腦就會變得清晰。
※嗶嗶嗶
ピン
ピン
ピン
真是的，這只不過是一個簡單的事件……
犯人做案的時間，一定是靜香不在的那30分鐘。
在那段時間內，出入這裡的只有一個人！
所以說……
犯人除了我以外，不會有其他人！
我究竟在說麼啊!?
不、不是我啦！靜香，請你相信我！

A ③十九世紀後半，英國的卡迪根伯爵七世（Seventh Earl of Cardigan）為了受傷的士兵設計出前開襟的針織毛衣。

我當然相信你，大雄不可能會做那種事。
所以，我們才會大費周章的找東西啊！
呼~
那用這個看看好了。
「雷達手杖」。
它倒下的方向，就是犯人所在的位置。
！
犯人就是在那個方向。
呀啊！
轉過來
這種東西根本靠不住！
相信我！我真的沒有拿走鑽石。

服裝祕密奇妙鏡Q&A

Q 雙排釦大衣的原文是「trench coat」，請問「trench」指的是什麼？①皺褶 ②壕溝 ③皮帶

A ②雙排釦大衣是第一次世界大戰期間，英國士兵在戰場挖壕溝等防禦陣地時穿的大衣，戰後普及至社會之中。

服裝祕密奇妙鏡Q&A

Q 請問duffle coat(粗呢短大衣)的duffle是什麼?①原產地地名②釦子名稱③風帽(頭巾)

A ① Duffle是祕魯的城市名。粗呢短大衣是一種以厚毛料製成，帶風帽的大衣，以圓筒形栓釦與套索扣住前襟。

不知道是誰把石頭丟向我的後腦勺。
我跑出來看，就看到他們兩人。
我們只是湊巧經過而已啊……
犯人在哪一個方向呢？
倒下
發亮
果然是你們其中一個。
我不知道，不是我們！
接下來，用「命中目標菸斗」試看看！
※變大、升起
スウ
プカー
泡泡會在犯人的頭頂爆炸。

飄～
咦？
喂、喂，別靠過來啊。
哇啊！
磅！
請你相信我，我不可能做那種事啊！
這究竟是怎麼回事啊？
推理看看吧……
ピン ピン ピン
※嗶嗶嗶
原來是這麼一回事。

大雄真是天才！下次有事的話再拜託你囉！
不，我已經受夠偵探遊戲了。

時尚雜學3 對照各式運動服

西元前就在希臘奧林匹亞舉行的古代奧林匹克運動會中，曾經舉辦過「全裸」的角力和短跑等競技比賽。據說全裸是為了讓自己更靠近神，並對外宣示自己沒帶武器上場。直至今日，奧運精神依舊是要追求比賽的神聖性與光明正大的競賽。各個運動項目對於服裝有不同的規則與慣例，本節將從中選出令人意外的雜學內容。

si.robi via Wikimedia Commons

▲穿著白色球衣的大阪直美選手，出戰網球四大滿貫賽之一「溫布頓網球賽」的身影。遮陽帽也依照規定選擇白色的。

角力比賽一定要帶「手帕」！

據稱角力是人類最古老的格鬥技，超過五千年的歷史。現在對戰的競技服稱為「角力服」，分成紅色與藍色。在服裝規定中，有一條是「角力服裡必須放手帕」。這是為了在比賽期間如果發生流血狀況，可以立刻拿出來止血。由此可見，角力比賽相當激烈，而且也表現出重視禮儀的傳統。

溫布頓網球賽規定要穿「白色服裝」

在英國舉辦的溫布頓網球賽最初可以回溯至一八七七年，由於賽事十分重視傳統與規則，因此從第一屆就規定選手必須穿全身白的服裝比賽，這項規定至今依舊沒變。網球原本是歐洲貴族不分男女都能從事的社交競賽。剛開始女性穿的是長襬洋裝，男性還要打領帶。溫布頓網球賽的「白色」傳統是為了避免選手流汗時汗漬過於明顯，可說是十分貼心的規定。

棒球服要繫「腰帶」的原因

棒球服的褲子是有腰帶的，這一點在競技服裝中相當少見。有人說這是為了避免滑壘時褲子脫落，但也有人說在十九世紀的美國，大家都是趁著工作空檔打棒球，穿著工作服和西裝就上場，因此才會保留腰帶設計。美國職棒大聯盟成立於二十世紀初，當時穿的是棒球衫、鬆垮寬褲和球隊色襪子（及膝長襪）。現在大多是穿長至腳跟的褲子，不過也有些選手喜歡將及膝長襪穿在褲管外的「老派造型」，兩種穿法都可以。

至於棒球服的顏色規定，禁止使用不容易看到球的圖案。如果仔細看「日本武士隊」也就是日本國家代表隊的條紋圖案隊服（從二〇一七年起採用的隊服），就會發現條紋其實是小圈圈連起來的，這個設計蘊藏著「將球迷和選手連結在一起」的理念。

橄欖球的「櫻花」一定要滿開！

說到「橄欖球衫」，大家一定會聯想到白色衣領與粗橫條紋。不過，在近年的橄欖球比賽中，出現許多沒有領子的橄欖球衫。其實這是一種策略，橄欖球的對戰過程相當激烈，無論是列陣爭球或擒抱，雙方都會猛烈碰撞，無領衫的設計可以讓對方不容易抓住衣服。傳統橄欖球衫採用白領是因為在橄欖球的發祥國英格蘭，為了方便球員在比賽後穿著隊服參加慶祝派對，才做這樣的設計。

橄欖球衫大多採用粗橫條紋設計的原因，是為了讓體型看起來更強更壯。此外，由於強隊早已使用單色隊服，因此也能避免撞色。

日本國家橄欖球代表隊的隊服採紅白橫條紋相間，加上櫻花徽章。這是從一九三〇年日本代表隊成軍後，從未變過的設計。當初的徽章是「含苞」的櫻花，但從一九五二年後改成「滿開」的櫻花。隨著實力越來越強，

▼2019 年在「WBSC 世界棒球 12 強賽」中勇奪第一的「日本武士隊」（侍 Japan）。山田哲人選手在總決賽擊出逆轉全壘打。

影像提供／ Penta Press/Aflo

日本代表隊曾在二〇一五年與二〇一九年的世界盃，擊敗過南非與英格蘭等勁旅。櫻花徽章代表「堂堂正正比賽，輸球也要敗得漂亮」的想法。日本代表隊也有「櫻之勇士（Brave Blossoms）」之稱。

影像提供／Aflo

▲2019年在日本舉辦的世界盃橄欖球賽，日本與傳統勁旅英格蘭之戰中，福岡堅樹選手觸地得分。

「八咫烏」為足球隊帶來勝利

日本國家足球代表隊的隊服上有一隻三腳烏鴉，名為「八咫烏」。八咫烏來自日本神話，是「指引勝利的守護神」，也是日本足球迷耳熟能詳的象徵。不少足球選手和足球迷會到有八咫烏傳說的熊野（和歌山縣）神社祈求勝利。

▶二〇二一年出戰國際慈善比賽的日本代表南野拓實選手，藍色球服稱為「武士藍」。照片中是從二〇一九年採用的球服，以五種藍色表現「日本晴空」的意象。

影像提供／Aflo

根據足球比賽對於球服的規定，每一隊必須準備主隊與客隊兩款以上的球衣，內衣與襪子必須和球衣同色。還有許多細部規定，例如守門員的衣服顏色要與其他隊員和裁判不同，以利辨別。不過，日本足球協會在二〇二〇年修改並放寬部分規定。依照賽事等級，減少了各隊應該準備的同色服裝數量。這是隨著足球人口增加，為了減輕家庭經濟負擔所做的修正。減輕負擔，提升實力，目標是穿上有「八咫烏」徽章的隊服！

男女交換物語

哇啊——看得好遠。
一眼就能看到九州跟北海道。
哇啊，北極有企鵝在跑。
靜香，你在看什麼？
原來是胖虎和小夫。
只有笨蛋和煙才會喜歡高的地方。
我好羨慕他們喔！
……對了
你小時候很喜歡爬樹吧？
是啊！我曾下定決心，長大後要爬上那棵樹。
但是，媽媽說「女孩子不可以爬樹」。

我覺得當女孩子好吃虧喔！
是嗎？
我有時候還覺得當女孩子比較好呢。
沒那回事！當男孩子比較好。
對了!!
要不要暫時交換看看!?
什麼!?
只要一下下就好。
因為靜香說很想換。
胡說！
是大雄你一直叫我換的。
喔！想交換身體啊？
「交換繩」。
你們兩個同時握住繩子的兩端。
只有身體交換而已對吧？我曾經用過。

服裝祕密奇妙鏡Q&A

Q 江戶時代為了幫主君報仇聚集在一起的「赤穗浪士」，皆身穿哪一種職業的衣服？

A 火消（消防員）。他們穿的衣服稱為火事裝束，是打火時的衣服。相傳是因為該職業晚上一大群人走在路上也不會令人起疑。

服裝祕密奇妙鏡Q&A

Q 世界第一支棒球隊「紐約尼克巴克隊」（New York Knickerbockers）成立之初戴什麼帽子？

A 麥稈帽。一八四〇年代由消防隊組成的棒球隊，當時的隊服是白襯衫、藍褲子和麥稈帽。

※鏘
ガアーン
哇啊，被打到了！
啊——大雄接到了!!
真是奇蹟!!
※鏘
ズガーン
太棒了!!
再見全壘打！
幹得好，大雄。
好像換了個人似的。
看得出來嗎？
然後他用功夫把壞人都打倒了……
實在是太帥了。
還是無法加入她們。

想看漫畫，
結果每本書都只有字而已。
太不像樣了!!
不可以盤腿坐，女孩子一定要跪坐!!
靜香，歡迎……
怎麼會這樣？
結果，一切和性別無關……
根本都是你自己的緣故。

服裝祕密奇妙鏡Q&A

Q 足球隊球服一定要有背號，請問以下哪個號碼不能使用？①0 ②99 ③100

※慢慢走

呀啊！
現在大雄他也……
怎麼可以明天才洗!?
シブシブ…
!!!
可以擅自脫掉靜香的衣服嗎？
算了，反正彼此彼此嘛！
不行!!

A ①與③。足球隊的背號必須是1到99號的整數。職業棒球可以使用「0」與「00」。

從制服學服育1 商界篇

日常服和制服有何不同？若從穿著者、要求穿著者、旁觀者、製作者等不同觀點思考差異，可以學到許多社會常識。首先就從工作場合的制服開始看起！

制服為周遭的人與社會帶來什麼效果？

「我想要看起來時尚」、「我想要過得輕鬆」……一般人選擇日常服飾時通常會先考慮自己的想法，可是制服不同。因為制服含有企業與學校這類「要求穿著者」的想法，和對「旁觀者」的顧慮。

舉例來說，民航機的機組員會在機場和機艙內大量的勞動身體，但他們穿的並非運動服與球鞋，而是穿上有外套的正式制服，腳踩皮鞋和有跟鞋。這麼做是為了給人信賴感和整潔感，讓旅客安心搭乘。機長、電車與公車駕駛、站務員等都穿整套制服還戴制式的帽子，也是同樣原因。

請教制服老店 竹馬株式會社！

竹馬株式會社是一間專門企劃、製造與販售制服的老字號紡織公司，創業於 1903 年，同時也製造專門出口給國外品牌和專為日本國內廠商開發的布料。由於竹馬可以開發與製造布料，因此不只是學校的制服，還能因應不同職業的需求，為高風險救助隊製作制服，也能夠為飯店設計正式制服。更投入永續發展目標（SDGs），致力於「服育」讓年輕世代了解衣服與制服擁有的力量與角色。

▲位於大阪的竹馬諮詢展示間。

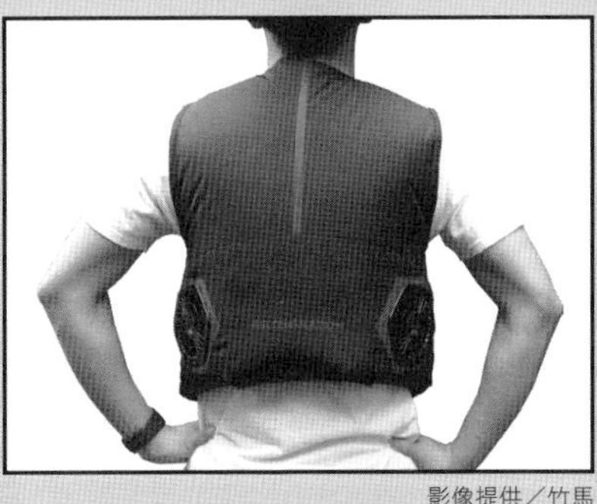

▶這是竹馬研發的「電動風扇衣」，讓人在酷暑中也能專注工作。兩邊腋下有送風機。

影像提供／竹馬

此外，警衛制服通常和警察制服類似，讓人乍看之下以為是警察，這個做法有助於遏止犯罪。

相反的，遊樂園的導覽員通常會配合歡樂氣氛，穿著流行且華麗的制服。這是為了讓消費者入園之後忘卻日常生活，打從心底享受遊樂園的巧思。

另一方面，「製作」制服的人又下了那些工夫呢？日本竹馬株式會社的制服事業部每年為交通機關、飯店、百貨公司等公司團體，規劃兩百到三百套制服，根據他們的說法，制服必須具備以下四大要件：

①一目了然的「易辨性」

看到制服就能辨別職業與角色的整體設計。

②符合社會期待的「象徵性」

符合職業、企業與學校形象的整體設計。

③方便好動的「機能性」

保護穿著者的身體，活動時安全舒適的整體設計。

④兼具品格的「審美性」

提升穿著者形象的整體設計。

日常服裝重視的是穿著者的③與④，制服還要加上「要求穿著者」與「旁觀者」重視的①與②，因為制服是屬於具有社會性的衣服。

最近交通機關和觀光業的制服在設計時都會融入在地元素，注重「地區性」，可說是透過制服展現「待客之道」。

設計制服是時尚界最難的關卡

歐美時尚界認為，唯有獨當一面的設計師才能夠製作制服。

制服通常使用類似顏色，版型也大同小異，設計時還要結合「易辨性」、「象徵性」、「機能性」與「審美性」，不是一件簡單的事情。若從零開始設計制服，從接單到發表至少要花兩年的時間。必須先了解企業與學校的歷史、形象，還要聆聽實際穿著者的心聲才能著手設計製作。制服是與社會緊密結合的橋梁，因此還要研究時代潮流與時下流行。

此外，幾乎每天穿著的制服必須比日常服更耐穿、更耐洗。有時需要使用特殊布料，不會因為時間過去而劣化，也能防汗水和汙漬，具有抗菌防臭功能等。竹馬株式會社還會配合職業特性，從纖維開始研發。

制服的做法
業種別設計的祕訣

接下來竹馬株式會社針對司機、宅配人員、超市店員等平日常見的制服，為我們介紹不同業種制服的設計巧思。

●交通

主要採用可以給乘客信賴感和安心感的外套式制服，選擇彈性布料，在外套背面加上皺褶設計，使衣服更服貼身體，提升活動性。

●貨運、宅配

重點在於耐穿且方便活動，還要讓收貨的客戶留下良好印象。選擇防雨耐汗布料，融入看起來親和的運動風設計。

●辦公室內勤工作

櫃檯或業務承辦人員穿著的制服以多件式設計為主，例如外套加上襯衫，即使搭配不同單品也要統合出一致性，這麼做是為了讓所有年齡層的客戶感到親切順眼。制服尺寸也分得較細。有些制服採用坐下時不易產生皺褶，或可防靜電的布料。

●服務業

超市、超商、咖啡館等營業場所的制服，為了讓消費者有問題時安心詢問，設計時注重親切感與整潔感。選用的顏色也會配合店家形象。

●飯店

如果是海邊的度假飯店，大多選擇帶有自然風格的明亮色制服。若是高級飯店，則以黑色或褐色等正式設計為主流。門房會戴上制式帽子並穿上大衣。

影像提供／竹馬

從制服學服育2　學校篇

從小孩成長為大人，學校制服是每個人成長過程中都穿過的衣服。這些制服是基於什麼樣的想法和目的製作的呢？我們採訪了竹馬的服育net研究所，並整理成以下文章，一起來了解他們的想法吧！

學校制服是要學生專心學習！培養友情和歸屬意識

與一般衣服不同，制服有很明確的穿著TPO。TPO就是「Time 時間」、「Place 地點」、「Occasion 場合」。正因為有明確的TPO，穿上工作服能讓人進入工作模式，穿上學校制服則進入學習模式，順利切換心態。

在學校穿制服最大的目的是專心學習。此外，所有人穿相同制服，可以培養和同學合作的團隊精神、顧慮周遭想法的同理心等。穿著制服時做出的行為也會影響學校和班級，自然能讓學生遵守校規，上下學和畢業旅行的時候會更加注意自己的言行。培養出對於學校的歸屬意識，也能讓學生在畢業後繼續抱持愛護母校的心。

不僅如此，穿上制服時如果遇到麻煩，也有助於周遭大人伸出援手。當校外人士進入校園，也很容易辨識。

學校制服是正式服裝，無論在婚喪喜慶各種場合都能算是「禮服」的一種。簡單來說，學校制服可說是讓學生意識到自己也是社會的一分子。

影像提供／竹馬

▲學校制服通常會穿3年，而且週間每天都要穿，因此會使用具有撥水加工、抗菌防臭加工的布料。

學校制服最重要的是「不讓學生感覺受排擠」的巧思

從幼稚園到專門學校，全世界有許多教育機構採用制服。日本高中約有八成、韓國的國高中超過九成都要穿制服。學校制服以歐美風格的設計為主流，但在東南亞可以看到結合民族服飾的制服。有些制服則是基於宗教因素，避免露出身體。英國的制服歷史很長，不只有燕尾服風的制服，有些學校還會依照學業和體育成績，讓學生穿不同的外套或圖案相異的領帶。制服可說是學校的「招牌」，反映學校理念和形象。在日本，有些重視「傳統」的名校採用有歷史的水手服或立領學生服，也有體育強校採用全黑制服，想向其他學校宣揚「我很強」的意念。有些學生還會基於「那間學校的制服很好看」等原因而崇拜該校，或是決定進入該校就讀。

話說回來，有些時候校方和學生的意見出現分歧，例如學生認為「我想裙子弄短一點」、「我想將襯衫拉出來，放在褲子外面」、「天氣冷的時候不想穿裙子，想穿褲子」。為了解決這些問題，最近有越來越多學校採取折衷方案，設計出可以調整長度的裙子、即使不紮進褲子看起來也不邋遢的短版襯衫，還有女學生穿的褲子等等。

制服的問題不只是穿法，若是學校指定的制服太過昂貴，造成學生無力購買，或因為不易維護造成制服破損，學生若穿著破制服上學，也可能導致學生遭到其他同學排擠或霸凌。追求時尚的重點總是會放在「看起來好不好看」，但學校制服不同。學校制服必須消弭家庭環境與生活型態的差異，讓人「看不出」學生之間的差別。因此，要靠製造商在背後細心處理，透過布料選擇與縫製技術，達成「價格不過於昂貴」、「耐穿又好維護」的目標。

▲馬來西亞信仰伊斯蘭教的女學生。她們的制服是當地的民族服飾，頭上戴著頭巾（tudung）、穿著古籠服（baju kurung），盡可能不露出身體部位。

從袴姿變成水手服 新時代女孩的夢想！

日本直到鼓勵西化的明治時代才開始採用學校制服，男學生穿的是立領學生服「學蘭」。江戶時代將西洋服裝稱為「蘭服」，學蘭的「蘭」便是源自於此。「學蘭」是參考歐洲軍裝的設計。學習院和帝國大學（現在為東京大學）率先引進制服，之後才逐漸普及至各地的中小學。

日本從明治時代開始穿學校制服

▲男學生穿立領學生服，女學生走和洋折衷路線，穿和服與鞋子上學。照片為 1917 年（大正 6 年）女子學習院上課的情景。綁一個寬鬆的低馬尾垂在後面，身上穿著有紋樣的小袖和袴。

影像提供／每日 Photo Bank

女學生的制服以「小袖＋袴＋皮鞋」為主流。當時上學的女學生人數不多，融入西式風格的服裝成為新時代女孩的象徵。到了大正時代，基督教女校開始採用水手服為制服。

水手服的設計概念也是源自於軍服。水手服的英文是「sailor suit」，sailor 是「水兵、船員」的意思。一八五七年英國海軍設計出水手服，後來受到各國海軍採用。立起後方領子可以阻斷周遭的聲音，還能遮陽與防風。領巾可當止血帶使用，領口設計得較寬，落海時很容易脫掉。

由上述內容不難發現，軍服設計充滿巧思，但水手服成為女學生制服最大的原因，是因為「可愛」。十九世紀後半，英國王儲愛德華王子穿著水手服的模樣太可愛，擄獲大眾芳心，於是歐洲各國開始在童裝與制服設計融入水手服的特色。

不過，現在只有少數學校將水手服與學蘭當成制服。原因包括設計概念來自軍服；與獵裝外套式的制服比起來，不容易搭配其他衣服，也很難視氣溫調整穿著；不符合LGBT觀點（不友善多元性別族群）等，導致越來越少學校採用。

青春期特有的煩惱 尋找自我與性別差異

從小學高年級到高中這段期間稱為「青春期」。青春期是一個孩子長大成人的時期，此時生理和心理都會產生各種變化。

例如身高變高、體重增加、體型改變，對於「男性化、女性化」的定義感到疑惑，自我意識高漲，花越來越多時間思考「我是什麼樣的人」。有些人萌生獨立的念頭，不再依靠父母。有些人會拿同學和身旁的人與自己比較，認為自己低人一等或討厭自己。這些生理與心理的變化，以及失衡的感覺，一定會讓人感到困惑。雖然每個人的變化不同，但這是每一個人在這個時期都會經歷的過程。

一個人穿著學校制服的時期剛好就在青春期，可能對於穿著規定的制服感到質疑，加上制服大多只有男學生和女學生之分，制服展現的性別差異也會讓人感到不安或不滿。從多樣性和LGBT的觀點來看，讓人感覺不到性別差異的「無性別制服」已成為許多學校制服積極採用的設計概念。

CHECK!

什麼是 LGBT？

LGBT是性少數族群的統稱，各族群對於性別看法和煩惱都不一樣。有時候也會加上不確定自己性別的【Q（Questioning／疑性戀）】，成為LGBTQ。

【L（Lesbian）】：心理性別為女性，戀愛對象也是女性。

【G（Gay）】：心理性別為男性，戀愛對象也是男性。

【B（Bisexual）】：戀愛對象為女性與男性。

【T（Transgender）】：心理性別與生理性別不一致，對自己的生理性別感到疑惑。

穿著者有選擇的自由！越來越普及的「無性別制服」

性別是用「男性化、女性化」等形容詞，表現社會生活中「製造」出來的性別差異。對於心理性別和生理性別不同的人，或是想自由表現自我的人而言，顯現在外表的性別並不是與生俱來的性別，因此他們在將人單純二分為「男性與女性」的環境中生活，是一件很痛苦的事情。每個人都應該可以依照自己的個性與資質決定適合自己的生

活，這一點很重要。這個社會需要消弭男女區別的「無性別」，需要消除性別帶來社會歧視與文化歧視的「性別自由」，需要更加理解LGBT族群。

據了解，日本每十一個人就有一人是LGBT，這與左撇子的比例幾乎相同。LGBT就在我們身邊，若強加「女孩就是要穿裙子」這樣的規定，無論是誰都會感到痛苦。

日本的文部科學省在二〇一五年要求所有老師對於學童在性別認同障礙、性取向、性別認同等議題上，應該要細心應對。自此之後，日本各地的學校開始討論無性別制服。包括可以左右衽互換、男女皆可穿著的外套，採用不凸顯身材曲線的褲子，增加裙子、褲子、緞帶、領帶的組合搭配等。水手服和立領高中制服的性別差異過於明顯，因此越來越多學校換成獵裝外套。

不論性別並重視穿著者「選擇的自由」，對穿著者來說，以此為重點的制服才是最好的結果。

消弭性別差異的制服巧思

- 穿著者可自行選擇在領口綁領巾或打領帶。
- 外套設計成男女皆可穿的款式，在鈕釦式樣上下工夫，穿著者可自行選擇「左衽」（女裝穿法）或「右衽」（男裝穿法）。
- 面對較圓潤的女性體型，褲檔做淺一點，整體裁剪成直線條。
- 面對男性體型，長褲線條從腰部往腳踝收緊，呈上寬下窄的剪裁。

消弭各種「差異」透過制服產生連帶感

人與人之間的差異不只是性別，還包括體型、健康狀態、思想、宗教與家庭環境等。在過去的歷史之中，光靠制服便單方面的決定每個人的身分與階級，但現在這個時代已經不同。現在對於制服的要求是認可彼此的差異，串聯起夥伴與社會。

舉例來說，身障者的制服要將鈕釦換成魔鬼氈，有異位性皮膚炎或過敏問題的人，則要改成適合的布料。即使是相同設計的制服，也要因個人需求增添巧思。個人差異並非任性而為，穿著者與要求穿著者、製作者交換意見，共同找出解決之道才是重要關鍵。

利用服裝進行溝通

我們可以從衣服了解社會與世界，讓自己成長。竹馬的服育net研究所就是將這門學問以「服育」的形態進行推廣，讓我們了解到服裝的重要性。

衣服會說話！可傳達穿著者的印象

服育net研究所的有吉直美女士表示：「衣服真的很多話！」第一次見到某個人的時候，彼此可以透過服裝推測「對方是個什麼樣的人」，衣服無須語言就能表現出一個人的品格與職業，還能體現穿著者的心情。

有吉：「舉例來說，穿著正式服裝參加婚禮或告別式，就能表達祝賀或哀悼之意。在日常生活中，穿上自己支持的足球隊隊服，也能讓身邊的人知道自己的立場，還能以此為話題或認識新朋友。無須說話，衣服也能向周遭發聲，表達穿著者的個性與心情。服裝其實是一種溝通工具。」

CHECK!

顏色與圖案給人的印象

有人說，顏色能左右呈現出來的印象，也能影響我們的行為。各位在選擇服裝時，不妨選擇適合現在心情和行程的顏色與圖案。

顏色印象	
紅	積極、自信、生命力、競爭心等。
藍	誠實、和平、清涼、整潔、專注等。
黃	明朗、躍動、輕快、快活、注意等。
綠	調和、柔和、安詳、平穩等。
粉	溫柔、可愛、感謝等。
黑	高級、時髦、清貧、厚重等。
白	整潔、純真、正義、和平等。

圖案印象	
圓點	大圓點個性十足，小圓點給人高貴成熟印象。
花朵	給人華麗優雅印象。華麗度的高低依花朵大小與形狀而異。
格紋	大格子給人休閒印象，小格子讓人感到穩重。
直條紋	細條紋展現誠實感和整潔度，粗條紋給人活潑印象。
橫條紋	細條紋給人柔和印象，粗條紋則有強勢的感覺。

人類獲得的資訊有七到八成來自視覺，只要短短幾秒就能判斷出對方的第一印象。不只是表情和態度，服裝也是資訊來源。

有吉：「穿著髒衣服或鬆垮的制服給人邋遢印象，若是在職場上，會讓對方感覺不可靠。各位一定要從各種角度研究如何表現自我，清楚自己在何種場合下，穿什麼樣的衣服最得體。」

根據竹馬公司的調查，「整潔感」是影響印象的第一關鍵。簡單來說，只要注意衣服是否髒汙、看起來皺皺的、有無異味，就能給人良好印象。平時應用心維護衣物，注意洗滌和熨燙，這一點也很重要。

有吉：「在意自己穿的衣服就是關心自己，各位請務必透過衣服感受自己與社會的連結。」

衣服也與世界連結

衣服串聯起人與社會，不只幫助我們培養溝通技巧和學習服裝禮儀，更加融入社會，也是我們關注環境和世界的契機。花一點時間了解我們穿的衣服使用什麼纖維、是由哪個國家生產的，不只能釐清資源分配，還能查到製造與運送過程的二氧化碳排放量與生產國的人權現況等，有助於擴展我們的視野（詳情請參照第六、七章）。

有吉：「制服採用相同纖維與相同設計，生產量相當大。老實說，制服是最容易回收的資源。竹馬公司會回收不穿的制服，將可用資源重複使用，拿來製造汽車。」

重要的是，我們要思考用什麼樣的衣服呈現自己。衷心希望各位能培養出從 SDGs（全球投入的永續發展目標）觀點選擇衣服的眼光。

竹馬的服育

各位可在服育 net 研究所的官方網站和 Instagram 上瀏覽有吉女士解說的服育影片、工作表，和服育四格漫畫（學習洗衣標示等小常識）。有吉女士也會前往學校開設特別課程。

https://www.fukuiku.net/

參考文獻／《服育導航！開始篇》（審定：有吉直美／鈴木出版）

樵夫之泉

我的手套變得破破爛爛了。
大雄的跟新的一樣。
那是因為我用完都有收好啊。
才不是呢！
根本就是因為你每次都失誤，碰不到球才很新。
真浪費，乾脆跟胖虎的交換吧。
這主意不錯。
手套也會因為能派上用場，而高興吧。
哆啦A夢！
大雄～

爸爸吃了我的銅鑼燒。
抱歉，我不知道嘛。
下次再買就好啦。
我想吃這個銅鑼燒嘛。
對了！
用那個的話……
「樵夫之泉」。
這是什麼？
不是有個「誠實的樵夫」童話故事嗎？
樵夫的斧頭，
掉到泉水裡了。

服裝祕密奇妙鏡Q&A

Q 世界四大時裝週的舉辦地點是巴黎、倫敦、紐約和哪座城市？

啊，女神。
你掉的斧頭是這把金斧頭，
還是這把銀斧頭？
樵夫回答「都不是，我掉的是鐵斧頭」。
為了要獎賞誠實的樵夫，女神就把三把斧頭都給他。
※轟隆轟隆
把吃過的銅鑼燒丟進去。
機器人女神就會現身。
ゴボゴボ
你掉的是……
這個大的銅鑼燒嗎？
這時候要是說謊，就什麼都拿不到了。
不，我掉的是吃剩的銅鑼燒。

A 米蘭。每年在這四個城市舉辦兩次「時裝週（fashion week）」，展示最新時尚與流行。

服裝祕密奇妙鏡Q&A

Q「haute couture」是什麼意思？①訂製 ②高級布料 ③高級訂製服

A ③高級訂製服。主要是指加入位於巴黎的高級訂製時裝協會的店家。接受顧客訂製衣服的要求，製作高級服裝。

隨便什麼都好我幫你換新的。
這件衣服太小不能穿了。
ポチャ
※丟入
你掉的是……
不，是更小的。
她給我這麼漂亮的衣服耶！
這泉水很棒吧？
也借給我。
我想要的東西像山一樣多。
哇啊~真是貪心。

※噗通
ザブン
※搖搖晃晃
好重。
よろ
よろ
是他嗎？
不，是更醜的。
為了獎賞你們的誠實，我給你們好看的胖虎。
怎麼辦啊？
救命啊～

解謎線的原料「纖維」

纖維是線的原料，分成萃取自動植物的天然纖維，和從石油提煉的化學纖維。四大天然纖維分別為麻、棉、羊毛、絲綢，自古以埃及的麻布、印度的棉布、中國的絲綢與波斯的毛織品最為有名，透過絲路普及於世界。如今化學纖維取代天然纖維成為主流，占纖維生產量的大宗。

影像提供／photolibrary

▲苧麻與從莖部剝取的纖維。

【麻】古代至近代的主要纖維

麻是用來做成衣服歷史最悠久的纖維，五千多年前埃及與美索不達米亞（現在的伊拉克周邊）就有種植麻的紀錄。包覆木乃伊的布也是麻製的。原料為苧麻（蕁麻科）、大麻（桑科）和亞麻（亞麻科），從莖部剝取纖維。浸水可以提升耐用度，透氣性佳，穿起來很涼爽，也具有卓越的散熱性。日本直到江戶時代，麻都是最主要的衣服用料。

【棉】十八至十九世紀大量生產

棉是錦葵科植物，果實成熟就會裂開，摘取露出來的種子毛（棉花）製成纖維。五千到四千五百年前，人們在印度河流域和南美祕魯等地種植棉花，日本則在江戶時代大量種植。棉布的觸感比麻布好，還可保暖，價格比絲綢便宜，使得棉布瞬間普及。

影像提供／photolibrary

▲即將採收的棉花。中國、印度與美國是三大生產國。

十八至十九世紀英國工業革命之後，歐洲開始利用織布機大量生產棉布，這一切都要歸功於美國南部大規模種植棉花。棉花產業也是促使美國從英國獨立的原因之一。

話說回來，棉花種植產業需要許多勞動力，人口販子從非洲強行俘虜大量黑人（黑奴），帶到美國種植棉花。十九世紀後半，黑奴數量高達四百萬人，他們不僅沒有自由，也沒有任何權利。一八六五年，南北戰爭後美國廢除奴隸制度，如今黑人已獲得平等對待，不再受到歧視。

現在，中國新疆維吾爾自治區還存在著強迫勞動的問題，印度也有童工問題。全世界應該共同合作，推動重視勞工人權的種植方法和產業。

CHECK! **蠶寶寶吐出的極細絲**

蠶寶寶是蠶蛾的幼蟲，體長約 7 公分。必須靠人類餵食桑葉才能存活，成蟲不會飛。蠶寶寶吐出的絲超極細，直徑只有 0.02 毫米。蠶寶寶成蛹時會織一個繭，人類再從蠶繭取絲，將幾條絲捻在一起成為生絲，經過藥水處理變成絹絲。絹絲具有光澤感，摸起來很滑順，堅韌度比一樣粗的鐵絲還強。

▲幼蟲經過 4 次脫皮逐漸變大，織繭成蛹。

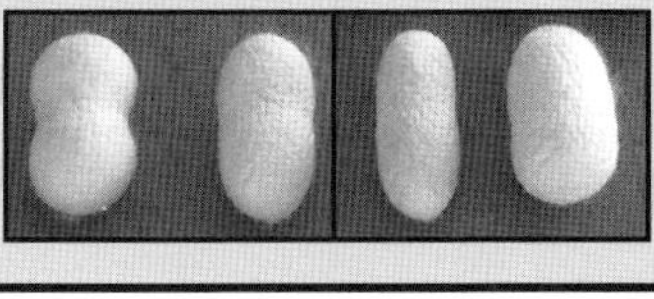
◀ 不同蠶的蠶繭形狀各異，每個蠶繭約可抽取出 1300 ～ 1500 公尺長的絲。

【絲綢】日本推廣至世界的纖維

絲綢（絹）是從人類飼養的蠶（蠶繭）抽取出來的絲製成的。在五千多年前的古代中國即已做過品種改良，可以抽取大量的絲。由於中國長期不輸出養蠶技術，使得絲綢的價值如同黃金一樣貴重。將絲綢從中國運往西方的道

路稱為「絲路」，形成橫貫中亞的物流網。

絲綢與養蠶技術在彌生時代傳入日本，不過產量相當少，直到江戶時代後期才製作出高級絲綢。明治時代日本推動製絲產業近代化，並於一八七二年完成興建以當時的製絲工廠而言，全世界規模最大的富岡製絲廠（群馬縣）。自此之後，日本大量出口絲綢，日本文化也透過絲綢傳至全世界。

如今觸感近似絲綢的化學纖維產量越來越多，養蠶業規模越來越小。日本國內的纖維生產量只有百分之零點二。不過，研究仍然持續進行，開發出全世界第一個會發光的絲綢（螢光絲）。另一方面，絲綢是由蛋白質構成的，具有高度親膚性，也被拿來當成手術縫線使用，更是製成人工血管等醫療材料最受矚目的原料。

【羊毛】衣食住全靠羊

綿羊自古就是衣食住的重點。羊毛製成的衣服和鋪墊讓人類生活更加溫暖，多餘的毛埋在土裡可以當成農田的養分，羊肉還可以吃。西元前五千年左右的美索不達米亞，人們已經開始豢養羊。不屠殺羊，只取羊毛製成毛織品當成貿易商品，普及全世界。

綿羊約有三千個品種，最有名的是美麗諾，約占日本進口羊毛的八成。羊毛的特性是會收縮緊纏在一起，提高保暖效果，也具有伸縮性與彈性，做成毛織物有不容易起皺的特性。

剃毛做成纖維的動物除了綿羊之外，還有羊駝、喀什米爾山羊、安哥拉羊、駱駝等。每一種毛的觸感都很好，具有絕佳保暖性和吸溼性。人類從許多動物身上得到禦寒的能力。

▲在進入夏季之前，必須先幫綿羊剃毛。以剃刀從腹部開始剃，像是脫掉一件大衣一般，將全身的毛剃光。

▶過去是用手取羊毛纖維，再捻成線。

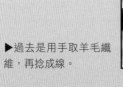

【化學纖維】高科技纖維成為現代社會的後盾

化學纖維是十九世紀歐洲人想以人工方式製作出高級絲綢而開始研發，法國化學家發現可以從木材原料纖維素做出線。後來在一八八三年，英國化學家成功製造出以硝化纖維製成的人造絲綢。

二十世紀各國競相開發出尼龍、維尼綸、聚脂纖維等新的化學纖維。

化學纖維依照原料與做法，分成「合成纖維」、「半合成纖維」、「再生纖維」與「無機纖維」。產量最高的是利用石油製成的「合成纖維」。精製石油並萃取出化學物質加以合成，以高溫融化後倒入有極小洞孔的模型（噴絲板）裡，液體流出凝固後就變成絲。這個方法可以做出極細、極輕量的纖維，假設以一條尼龍纖維串起東京與大阪（約五四〇公里），重量僅有二十公克。

此外，也可透過化學物質的組合與噴絲板設計，讓纖維具備各種特性。包括保暖、防水、撥水、速乾、隔熱、阻斷紫外線等。與天然纖維不同，化學纖維的優勢就是不會受到天氣影響，還能維持品質並大量生產。不只是衣服，還能做成不織布、人工皮革製品、運動用品、太空探查機的材料等．運用範圍相當廣泛。

輕盈的「碳纖維」強度約為鐵的十倍、可高速傳送大量數據的「光纖」，也是化學纖維的一種。如今，無數的高科技化學纖維已成為現代社會的後盾。

化學纖維的主要種類	
合成纖維	以石油為原料合成的化學纖維，例如聚脂纖維、尼龍、壓克力纖維、維尼綸、聚乙烯等。
半合成纖維	從大自然取得的纖維素與蛋白質，加上化學藥品產生作用而成，例如醋酸纖維素、三醋酸酯纖維素等。
再生纖維	從木漿等天然素材以化學方式萃取纖維素，再製成纖維，例如嫘縈、銅氨絲等。
無機纖維	從玻璃、金屬等無機物為原料製成的纖維，纖維狀礦物與石綿（asbestos）也是無機纖維之一。

注重資源與環境的整體架構

尼龍、聚脂纖維與壓克力纖維等三大合成纖維占全球纖維生產量的六成以上。尼龍是一九三五年在美國發明出來的，帶有類似絲綢的光澤，十分耐用，因此拿來做成絲襪，吸引全球目光。之後，質感近似羊毛的壓克力纖維，

以及不易起皺的聚脂纖維也陸續問世。五〇年代工業生產蓬勃發展，三大合成纖維廣泛運用在衣料、生活用品（棉被、窗簾等）和產業界（繩子、漁網等）。刷毛絨是聚脂纖維做的，「HEATTECH發熱衣」等高機能內衣也使用了壓克力纖維和聚脂纖維。其他還有許多合成纖維也在陸續開發中。

不過，大多數合成纖維的原料是石油。現在為了珍惜資源，纖維製造商開始從回收的寶特瓶做出新的聚脂纖維。回收不穿的合成纖維舊衣，製作出新衣服。不使用石油，萃取自植物的合成纖維也在研發之中，有些已經進入商品化階段。

現在各界最關注的問題是塑膠微粒。以合成纖維製成的衣服會在清洗過程中產生碎屑顆粒，廢水處理廠無法完全過濾就會流入大海，形成十分微小的塑膠垃圾。這些塑膠微粒對於海洋生態系的影響成為最大的危機。各位在洗衣服的時候請務必使用洗衣袋，加裝洗衣機濾網，徹底清除纖維碎屑。不僅如此，纖維製造商目前也在開發不易產生纖維碎屑的纖維製品。

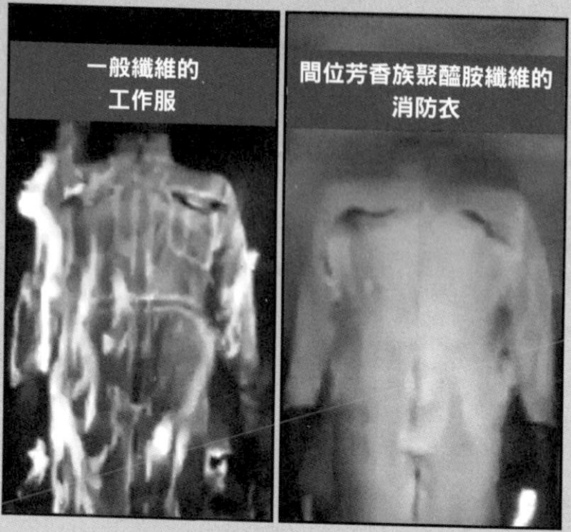
一般纖維的
工作服
間位芳香族聚醯胺纖維的
消防衣

▲目前已經開發出各種特性與優點的纖維，包括「不易割裂」、「發熱」、「透氣」等等。上方為一般工作服（左）與阻燃纖維製成的衣服進行比較的燃燒實驗。

影像／引自日本化學纖維協會官網「尖端纖維素材科學中心」靜止畫面

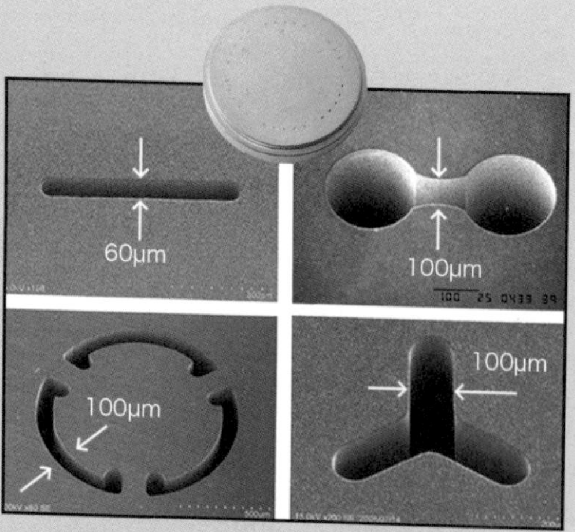
60μm
100μm
100μm
100μm

▲利用以 μm 為單位（1μm ＝ 1000 分之 1mm）的極小洞孔的紡絲噴絲板製作特殊纖維。與天然纖維不同，化學纖維經過噴絲板加工，就能做出各種粗細與形狀的絲。照片為紡絲噴絲板與洞孔形狀的樣本。

影像提供／化纖噴絲板製作所

飛空薄毯

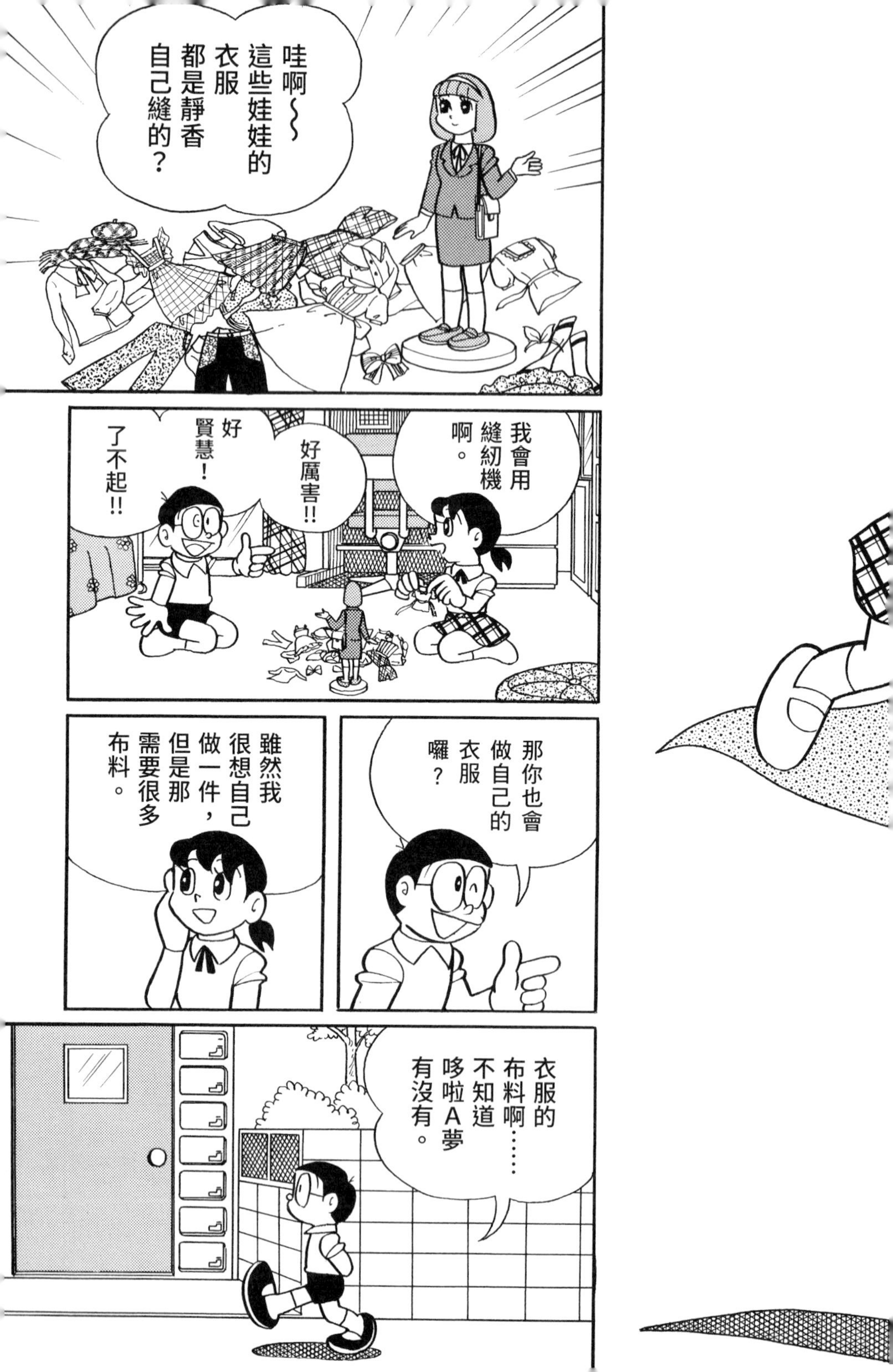
哇啊～～這些娃娃的衣服都是靜香自己縫的？
我會用縫紉機啊。
好厲害!!
好賢慧！
了不起!!
那你也會做自己的衣服囉？
雖然我很想自己做一件，但是那需要很多布料。
衣服的布料啊……不知道哆啦A夢有沒有。

布料耶！原來哆啦A夢也有啊。
你要多少儘管剪。
真的可以嗎？
儘管用。
我會縫製一件漂亮衣服的。
我很期待。
哇，這布料不錯嘛。
要用拿去用。
坐墊的套子怎麼樣？
很好啊。
我也來做點東西好了。

服裝祕密奇妙鏡Q&A

Q 需要幾顆蠶繭才能取出一公斤的生絲？①一千顆 ②兩千顆 ③三千顆

A ③三千顆。由於需要大概生絲五倍重量的蠶繭，換算下來五公斤的蠶繭約為三千顆。需要數條生絲才能捻成一條絹絲。

※咻
啊……
你用了「飛空薄毯」!?
快解開才行。
パラ
※啪
ドシン
※咚
這種布料一聽到「飛」、「升」、「飄」之類的字就會自己飛起來。
喔～好有意思的布料喔。
可是因為有重大缺陷，所以停止發售了。
原因是完全不聽使喚。
不好意思，
百忙之中還請你過來。
沒這回事。
我聽說有好玩的事就「飛」奔過來了。

服裝祕密奇妙鏡Q&A

Q 富岡製絲廠（群馬縣）已被登錄在聯合國教科文組織之中，請問是什麼項目？

A 世界遺產（世界文化遺產）。二〇一四年以「富岡製絲廠及絹產業遺產群」之名登錄。

服裝祕密奇妙鏡Q&A

Q 名為「馬海毛」的毛線與毛織品是用什麼動物的毛製成？①兔子 ②山羊 ③駱駝

※林白：美國飛行員，是第一個成功駕駛飛機直接飛越大西洋的人。

A ②馬海毛是原產於土耳其的家畜安哥拉山羊的毛，纖維較長，帶有光澤感。目前也有類似馬海毛的化學纖維。

航空發展史
征服天空
你看的書真的好深奧喔。
裡面有很多有趣的故事。比方說林白……
在靜香面前，最好不要談論這些話題。
幹嘛要跟著我啊？
別在意。
老師。
希望老師不要多嘴。
你的成績越來越提……

※哇哇哇

總算回家了。
可是……問題還是沒解決！
♪如果能夠實現就好了，
這首歌唱不得啊!!
♪所有願望都能夠實現，
♪用萬能口袋來達成夢想，
♪好想在天空中自由飛翔。
※咻
ス
パ
太好了！太好了！

衣服的未來 保護人類和環境的衣服

衣服是人類不可或缺的物品，打扮時尚是一件開心的事。但你知道嗎？對地球而言，這樣其實很困擾。一起來思考時尚產業的問題與解決方法。

家戶的衣服垃圾是一大問題！是地球暖化的原因之一

根據日本環境省的調查※，日本家庭每年製造大約四十八萬四千噸衣服垃圾，這些衣服分成可燃與不可燃垃圾，政府必須以焚燒或掩埋方式處理，相當於平均每天要處理一百三十輛大型卡車的量！在丟棄的衣服中，有許多都是還能穿或從未穿過的。這些衣服在此情況下被丟棄，代表衣服生產過量、消費者過度購買，以及流行季節一過，衣服就會被丟棄的行為模式。

比較一九九〇年與二〇一九年，消費者購買衣服的金額並無太大變化，但單件平均價格從六八四八日圓（約台幣一千五百元）降為三二〇二日圓（約台幣七百元）。此外，衣服供應量也從二十億件增加到三十五億件。這是便宜的快時尚所衍生出的大量生產與大量消費模式，導致大量丟棄的結果。焚燒垃圾會排出引發地球暖化的二氧化碳，以石油為原料的合成纖維埋入土裡很難分解。因此，一定要盡全力減少衣服垃圾量。

盡可能延長衣服的穿著期，不要丟棄，而是讓不穿的衣服回收再利用。我們必須修正衣服的生命週期。

▼善加利用地方政府與店家設置的衣服回收箱，以減少衣物垃圾量。

減少環境負荷 引進永續發展體制！

※日本環境省2020年12月～2021年3月的調查數據

世界各國現今都有一個共通的課題，那就是要減少排出導致氣候變遷的溫室效應氣體（二氧化碳與甲烷等）。根據聯合國統計，紡織工業排出的溫室效應氣體約占全球的一成，耗用的能源甚至超過航空業與海運業的總和。

此外，製造纖維與染色工程中排出的大量廢水約占全球廢水的兩成。製作一條牛仔褲大約需要七千五百公升的水，相當於一個人七年的飲水量。洗滌合成纖維時產生的塑膠微粒是海洋汙染的原因之一，聯合國曾在二〇一九年提出警告，時尚產業將繼石油業成為下一個環境汙染產業。

近年來世界各國積極召開國際會議，共同討論時尚產業的課題，包括大量丟棄衣服、大量排放溫室效應氣體、造成的土壤與海洋汙染、在生產與製造過程產生的強迫勞動等。大家應齊心協力，期望共同打造「永續時尚（Sustainable Fashion）」理念。

「Sustainable」是永續的意思，經常被用在保護與維持地球環境的活動中。永續時尚的目標是減少對於環境與社會的影響，從「製造」、「販售」、「消費」等三大立場思考整體架構。

【製造】友善環境的材質與工程

在棉花種植產業，越來越多雇主注重勞工人權，採用無農藥有機栽培法，「有機棉花」的產量逐年增加。

紡織工廠也回收使用過的合成纖維，將其當成資源重新利用。喝完的寶特瓶、用完的漁網全部加工成纖維，碎布料不丟棄，做成絲線或其他商品。全面更新節能機械，開發對環境影響較小的化學纖維，提升染色技術，減少排水量和化學染料。此外，日本販售的衣服約百分之九十八來自國外，製造國家的環境也是考慮重點。

【販售】製造商適度管理庫存

根據統計，全球時尚業界每年丟棄大約九千兩百萬噸纖維。精品品牌製造商考慮到降價求售會拉低品牌價值，因此銷毀掉價值數十億日圓的庫存品。國際社會對這類行為的批評聲浪日益升高，二〇二〇年，法國頒布了《打擊浪費及循環經濟法》（loi sur le gaspillage et l'économie circulaire），禁止丟棄衣服、家電、化妝品、書籍的剩餘商品與庫存，還領先全球，規定「人民有義務回收或捐贈

衣服」。

為了消除大量丟棄的行為，製造商必須訂定合理價格與生產量，製造衣服時也不可偷工減料。當季剩餘商品轉入暢貨中心販售，或是做成其他商品升級再造，達成零廢棄的目標。店面也要回收二手衣，共同協助再資源化。

這類回收再利用或改造的衣服，增添了友善地球的「永續時尚」新價值。這是與品牌名稱完全不同的附加價值，向消費者訴求衣服的特殊之處，這一點很重要。

【消費】延長衣服壽命

根據某項消費者行為模式的調查，日本每人每年購買十八件衣服，丟棄十二件衣服，一次都沒穿過的衣服有二十五件。若能將這些多餘衣服當成二手衣販售或拿去回收，就能進入不產生垃圾的「循環型時尚」。

買了衣服就要依照材質特性好好保養與洗滌，延長衣服壽命。利用「縮短或放長下襬」改變裙子與褲子的長度，或透過「改造」調整尺寸與外形，多花一些巧思在既有的衣服上，就會越穿越喜歡。

回收的衣服去哪裡？

不能再穿
↓
依照布料與輔料分類回收再利用
- 製成再生羊毛或再生聚脂纖維等
- 做成氈類材質當汽車內裝材料使用
- 做成工廠燃料等

可以再穿
↓
改造或捐贈

▶竹馬株式會社從全國各地回收不穿的制服，重複利用制服材料。照片為做成氈片之後，當成汽車隔熱墊與隔音墊使用。

化學纖維主要的重複利用法

化學回收

大量回收使用同一質材製作的不穿衣物，例如尼龍製品、聚脂纖維製品。經過化學分解，還原為原料，再次以尼龍、聚脂纖維的型態重複使用。

材料回收

將二手衣還原至原本的毛料，做成棉花狀後，加工成氈片。做成汽車內裝材料，重複利用。聚脂纖維製的制服也可做成塑膠鈕釦使用。

廢棄物能源回收

化學纖維工廠將廢棄的纖維製品加熱融化再凝固，當成自家工廠的燃料使用。亦可還原成油，當作燈油燃料。

如果不再穿，就將衣服捐贈或賣給二手回收店，或是透過手機的跳蚤市場應用程式售出。也可以請地方政府或店家回收，或者捐給開發中國家。每個人如果都能延長一件衣服的壽命，對地球來說意義重大。

根據日本環境省的試算結果，如果每個人能多穿一年自己手邊現有的衣服，整個日本可以減少超過四噸的衣服廢棄量。若所有的衣服都能回收並還原成原料，每年最多可以減少大約兩千五百萬噸二氧化碳排放量。

以蜘蛛絲和蘑菇為靈感，「去石油化」纖維革命！

就像電影《蜘蛛人》出現過的場景，蜘蛛吐出來的絲具有彈性，十分光滑，是很強韌的天然纖維。其強韌度約為鋼鐵的三百四十倍，美國太空總署（NASA）和許多化學家皆投入蜘蛛絲的開發計畫。不過，日本的研究生是世界上第一位製造出這個夢幻纖維的人，他還在二〇〇七年成立了新創企業「Spiber」。之後他又成功量產這款以蜘蛛絲為靈感、全新構造的蛋白質纖維，深受全球矚目。由於這項新材質的製造過程和釀酒很

▲戶外服飾品牌GOLDWIN與新創企業Spiber共同開發的蛋白質纖維「Brewed Protein™」製成的戶外運動夾克「Moon Parka」（二〇一九年限定數量販售）。

▼愛迪達的球鞋「Stan Smith Mylo」使用萃取自蘑菇的新材質製成。

類似，因此取名「Brewed Protein™」。包括服裝在內，「Brewed Protein™」已積極運用在各個領域內，推動商品化。

此外，國外也成功增生蘑菇根部的菌絲體，並將其加工成纖維，製成衣服、包包、球鞋等商品。不僅外觀和質感近似牛皮，只要幾天就能生產完成。

借助蜘蛛和蘑菇的力量，「去石油化」、「去動物化」的永續纖維革命已經展開！

潛地服

終於做好了。
好帥啊。
讓它浮在水面吧。
哦，你們做得真不錯。
我喜歡！
借我一下吧！
小偷！
大雄，阻止他也沒用啦。
誰是小偷啊？我不是說只是借一下而已嗎？
你明明就不會還。
你看吧。

服裝祕密奇妙鏡Q&A

Q 潛水與衝浪時穿的衣服叫什麼？

A 防寒衣或溼式潛水衣（wetsuit），以橡膠與合成纖維製成，在水裡能發揮保暖效果。如果完全防水則稱為乾式潛水衣。

我走了。
!?!
噗通！
潛入胖虎家，把模型拿回來。
是這一帶嗎？
呀啊！
我搞錯了！對不起!!

服裝祕密奇妙鏡Q&A

Q 全球第二個成功開發、來自日本的合成纖維是什麼？①壓克力纖維 ②維尼綸 ③銅氨絲

A ②維尼綸。由一九三九年日本化學家櫻田一郎等人開發，耐摩擦且具有卓越吸溼性，常用來製作繩子、帳篷和漁網。

在二樓啊。
從樹中間游過去……
跳！
噗通！
剛才那是什麼聲音？

服裝祕密奇妙鏡Q&A

Q 將不用的物品重新加工，做出高價值商品的做法稱為什麼？

A

升級再造。將廢棄的衣服、汽車輪胎等物品，製成包包、錢包和室內家具。

製衣過程也能像祕密道具一樣神奇

像哆啦A夢祕密道具一樣神奇的新技術做成的衣服和特殊材質已經誕生了！為了迎接即將到來的太空移居時代，目前也在構思全新太空衣。

噴在肌膚上就能形成一層纖維

哆啦A夢有一個祕密道具稱為「宇宙乳液」，只要塗抹在肌膚上就能發揮太空衣的作用。事實上，現在也有一個驚人技術已完成開發，那是與宇宙乳液類似、只要噴在肌膚上就能形成衣服的噴霧。

由英國公司製造的「噴罐面料（Fabrican）」，只要將可以黏著纖維的特殊液體直接噴在肌膚上，就能形成立體的衣服。可說是速成的「3D」不織布噴霧罐。噴霧罐的原料來自天然素材與合成纖維，可以洗，也能回收再利用。只要有這罐噴霧，任何人都能製作衣服，有助於減少運送過程產生的二氧化碳排放量。可安心用在肌膚上，而且無菌，也能用來製成繃帶、石膏等醫療用品，備受各界矚目。

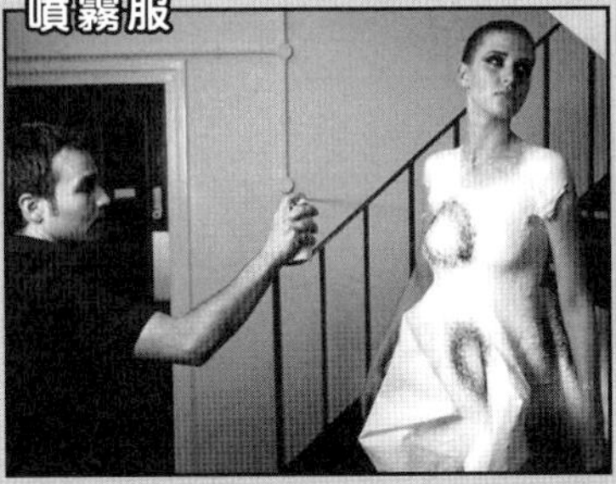

© Fabrican Ltd.2007 ／ Photographer:Gene Kiegel

▲化學家馬內爾・托雷斯（Manel Torres）開發出「噴罐面料（Fabrican）」，製成的裙子登上時裝秀。

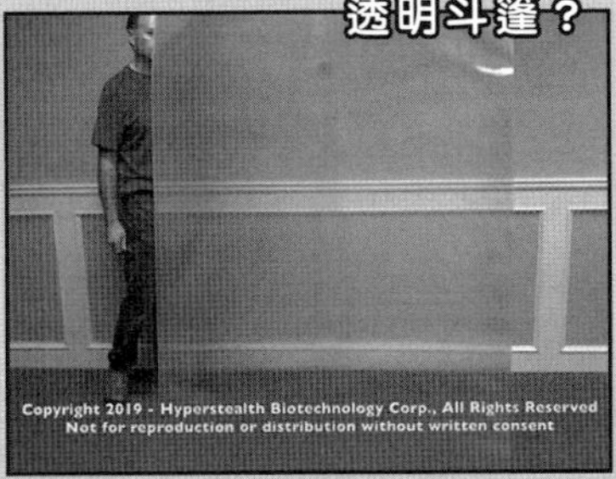

擷取自 Hyperstealth Biotechnology Corp 的影片

▲宛如透明薄膜的光學迷彩素材可以隱藏物體，就連物品或人類釋放出的熱氣也能遮蔽。

宛如「透明斗篷」的新技術

來自加拿大的軍服製造商「超級隱形生物科技公司（Hyperstealth Biotechnology Corp.）」在二〇一九年發

表，成功開發出可以隱藏人或物品的隔板狀材質，名為「量子隱形（Quantum Stealth）」。應用光照射到物體就會折射的作用，以此材質包覆的物體看起來會變透明，只看到背景。這片隔板薄得像紙一樣，無須電源，在任何環境下都能使用，據說連飛機和建築物都能隱形。不只能用在軍事用途上，目前也在思考是否可用來加強警衛的安全性，或是協助取締超速違規的警察執行勤務。

更新太空衣以因應月球基地的需求

美國太空總署（NASA）與包括日本的宇宙航空研究開發機構（JAXA）在內的國際機構，和民間公司合作的「阿提米絲計畫」，推動在二〇二四年登陸月球，並在二〇二八年之前在月球表面興建基地。同時也計畫在二〇三〇年代進行載人火星探測任務，為了因應計畫需求，目前正積極開發新的太空衣（艙外活動服）。

外太空是一個真空、無重力，暴露在熱氣和紫外線下的空間。為了保護身體，必須由好幾層特殊的化學纖維製作太空衣，服裝內部還要保持與地球類似的溫度和氣壓。此外，月球表面日夜溫差變化很大，表面覆蓋一層類似玻璃的沙子「表岩屑」。太空衣的設計必須避免月球沙子進入內部，還要能承受攝氏零下一百五十六度到一百二十一度左右的氣溫。

人類出生時沒穿任何衣服，卻能想辦法靠服裝度過冰河期，也因應環境與社會變化穿過各式各樣的衣服。為迎接在太空生活的未來，人類將會做出什麼樣的衣服？這一點就交給你們好好思考吧。

影像來源／NASA

▲「參與「阿提米絲計畫」的太空人穿上由 NASA 開發中的次世代艙外活動服。衣服長度可以縮短拉長，只要做出一個尺寸，任何體型的太空人皆可穿著。

影像來源／NASA

▲負責執行將太空人送往國際太空站等任務，目前仍在服役中的「天龍號太空船」艙內增壓服。這款增壓服是由好萊塢電影服裝設計師設計，頭盔是 3D 列印而成。

機器服

大雄還沒回來啊？
好慢喔。
你怎麼了？
今天早上我遲到了，被老師留下來訓話。
為什麼你沒叫我？
我有叫啊，是你自己賴床。
明天也遲到的話該怎麼辦啊？
那你穿這個睡覺吧。
「機器服」。
雖然穿起來很像普通的衣服……

※按
カチ
去學校。
※飄起
ぴょこ
就會按照命令行動。
穿上這件衣服的話，你就算睡著也會自動去學校。
喂～～
可以回來囉。
真是好衣服。
現在就穿上吧。

服裝祕密奇妙鏡Q&A

Q 某個製作衣服的工具有助於開發電腦，請問是以下哪一個？①針 ②縫紉機 ③紡織機

A ③紡織機。十九世紀初發明的自動紡織機「雅卡爾織布機」，利用打孔卡控制經緯線的動作。這個方法也運用在電腦上。

去幫媽媽寄信。
好麻煩喔。
讓「機器服」帶你去啊。
帶我去寄信。
不用自己走，好輕鬆喔。
※投入
トコン
我們在比賽跳遠。
你也來跳吧！

※躲開、揮拳

服裝祕密奇妙鏡Q&A

Q 有一種蟲可以吐出比蜘蛛絲更強韌的世界最強天然纖維，請問是哪一種蟲？

A 蓑蛾的幼蟲。蓑蛾的幼蟲吐出的絲不易斷裂，又耐高溫。日本正在考慮要以產業化的方式人工繁殖大量飼養。

ひょい
ひょい
※閃開、閃開
穿上這身衣服，什麼都做得到呢！
衣服有點髒囉。
沒關係，就這樣睡覺吧。

怎麼穿成這樣睡覺啊？
睡覺就該換睡衣。
喔喔……
衣服好髒啊。
明天早上拿去洗吧！
快點去上學啊。
呀啊啊!?

結語

日本有句俗諺說：「袖振り合うも多生の緣。」意思是即使是在路上與人擦身而過，衣袖稍微碰觸這樣的小事，也是前世修來的因緣。正因如此，我們更要珍惜邂逅與羈絆。

每天習慣穿的衣服也是由眾多的緣分累積而成。包括種植棉花的農民、從原料取絲的作業人員、染線、織布與縫製的巧手，還有搬運送貨的工人等等。不僅如此，還有設計師、打版師、造型師等，時尚業界的專業人士也是不可或缺的一分子。二手衣業者、回收業者更是功不可沒。

當我們明白正因為有這麼多人齊心協力，才能做出衣服，我們一定會對手邊的每一件衣服產生更多的情感。曾經與你擦身而過的人，或許就是與你現在穿的衣服、或是未來即將穿著的衣服有緣分的人。此外，當你長大要丟掉舊衣服的時候，你的舊衣服可能成為某個人的衣服或是未來衣服的材料。

時尚的穿著是一件令人開心的事情，長大後可以享受更寬廣的衣著自由。各位不妨多看、多穿各式各樣的衣服，結更多的緣。

▲設計師在畫設計圖時，必須思考流行和品牌主題，還要指示縫製者使用哪種布料和鈕釦。

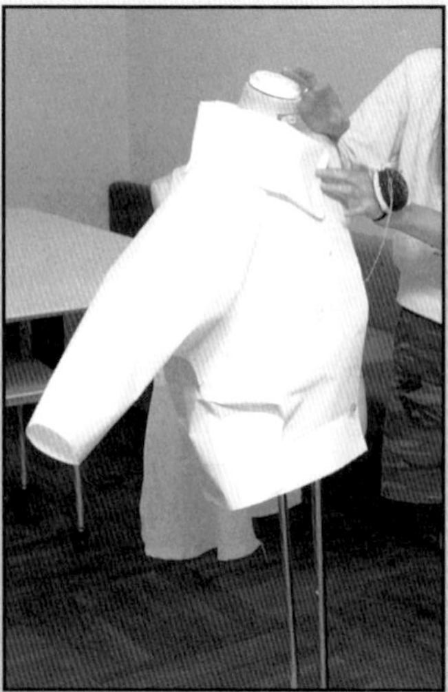

▲打版師的工作就是將設計圖做成紙板，必須精準掌握設計師的想法，契合身體的動作。打好樣版之後，就要放上布料剪裁。

哆啦A夢知識大探索 ⑦

服裝祕密奇妙鏡

●漫畫／藤子・F・不二雄　●原書名／ドラえもん探究ワールド——衣服と制服のひみつ
●日文版審訂／Fujiko Pro、梅谷知世、鈴木櫻子（日本杉野服飾大學）、有吉直美（竹馬株式會社服育 net 研究所）
●日文版協作／竹馬株式會社、日本風俗博物館、日本化學纖維協會、
日本消防防災科學中心「消防防災博物館」
●日文版版面設計／bi-rize　●日文版封面設計／有泉勝一（Timemachine）
●日文版編輯／高品南　●插圖／春日七星、杉山真理
●翻譯／游韻馨　●台灣版審訂／董雅卉

發行人／王榮文
出版發行／遠流出版事業股份有限公司
地址：104005 台北市中山北路一段 11 號 13 樓
電話：(02)2571-0297　傳真：(02)2571-0197　郵撥：0189456-1
著作權顧問／蕭雄淋律師

[參考文獻]

《FASHION 世界服飾大圖鑑》（河出書房新社）、《世界的民俗衣裝》（平凡社）、《圖說　日本史通覽》（帝國書院）、《從本書了解世界服飾史的一切》（Natsume 社）、《工作制服圖鑑》（講談社）、《縱割日本史②衣服的日本史》（講談社）、《日本的制服 150 年》（青幻舍）、《世界的民族衣裝圖鑑》（Rutles）、《文化學園服飾博物館選集歐洲模式　從 18 世紀到現代》（文化學園服飾博物館）、《美麗的裙裝圖鑑》（MAAR 社）、《運動雜學大全》（椎出版社）、《Kidspedia 運動驚人圖鑑》（小學館）、蜻蜓數位博物館・日本環境省__永續時尚（官方網站）

2023 年 4 月 1 日 初版一刷
定價／新台幣 350 元（缺頁或破損的書，請寄回更換）

ISBN 978-626-361-036-1
遠流博識網　http://www.ylib.com　E-mail:ylib@ylib.com

◎日本小學館正式授權台灣中文版
●發行所／台灣小學館股份有限公司
●總經理／齋藤滿
●產品經理／黃馨瑝
●責任編輯／李宗幸
●美術編輯／蘇彩金

國家圖書館出版品預行編目 (CIP) 資料

服裝祕密奇妙鏡 / 日本小學館編輯撰文；藤子・F・不二雄漫畫；游韻馨翻譯. -- 初版. -- 臺北市：遠流出版事業有限公司, 2023.4
面；　公分. --（哆啦 A 夢知識大探索；7）

譯自：ドラえもん探究ワールド：衣服と制服のひみつ
ISBN 978-626-361-036-1（平裝）

1. 服飾　2. 歷史　3. 漫畫

423　　112002865

DORAEMON TANKYU WORLD - IFUKU TO SEIFUKU NO HIMITSU
by FUJIKO F FUJIO

※ 本書為 2021 年日本小學館出版的《衣服と制服のひみつ》台灣中文版，在台灣經重新審閱、編輯後發行，因此少部分內容與日文版不同，特此聲明。

◀重現織布場景。

復原模型／日本唐古・鍵考古學博物館（田原本町教育委員會）

日本的「服飾」歷史

現在就來一趟時空旅行，一窺從繩文時代到現代的日本服飾史！從服裝反應出的社會變化也是一大重點。

▼日本史書《魏志倭人傳》中記載，邪馬台國的女王卑彌呼，使用魏國皇帝賜予的銅鏡祈禱。

女王卑彌呼的祈禱

重現展示／日本大阪府彌生文化博物館

彌生

約2400年前～

這個時代開始種稻，人們開始過群體生活，形成了「國」。織布機與從蠶繭取絲的技術也在此時從中國傳入。

10000年前

繩文

約1萬3000年前～

利用狩獵、捕魚、採集植物等方式取得糧食和衣服的時代。將樹皮和麻纖維織成衣服，或穿著動物的毛皮。

▼土偶可以看出繩文人的髮型與服飾用品。

鐙田遺跡出土的土偶／日本湯澤市教育委員會藏

繩文人的復原模型／日本國立科學博物館藏

▲鮭魚皮也能做成衣服。

衣服也會進化？

◀時尚設計師中里唯馬的「YUIMA NAKAZATO」2020 年春夏系列，發表於「巴黎時裝週」（高級訂製服時裝週）。這件訂製服使用的是日本生技創投企業開發的人造結構蛋白質纖維「Brewed Protein ™」。

影像／EPA= 時事

你看得出這件充滿立體感與未來風格的衣服（上圖）是用什麼材質做的嗎？答案揭曉，這件衣服使用的是參考「蜘蛛絲」開發出來的人造結構蛋白質布料。不依靠石油等有限資源，也不使用毛與皮革等動物性材質。日本開發的新材質與新技術如果能推廣開來，就可以維護地球環境，備受外界注目。從種植麻樹織成布料的繩文時代到現代，日本的衣服風格經歷了一連串進化，接下來將為各位一一介紹。

G41rn8 via Wikimedia Commons

▲重現日本繩文時代生活型態的三內丸山遺跡（青森縣）展示現場。從該遺址還出土了以動物骨頭和角磨成的針與植物編織成的小包包。